工程招投标与合同管理

主　编　王柏春

副主编　侯　琳

主　审　高德昊

北京理工大学出版社

BEIJING INSTITUTE OF TECHNOLOGY PRESS

内 容 提 要

本书依据现行的《中华人民共和国建筑法》《中华人民共和国民法典》《中华人民共和国招标投标法实施条例》《建筑工程施工合同示范文本》等法律法规编写。

本书共分为七章，基本内容包括：绪论，建设工程招标，建设工程投标，建设工程开标、评标与定标，建设工程合同，建设工程施工合同管理，建设工程施工合同索赔。

本书可作为高职院校建筑工程、建设工程管理等专业的教材，也可供相关专业的专升本、自学考试和工程技术人员使用。

图书在版编目（CIP）数据

工程招投标与合同管理 / 王柏春主编. --北京：
北京理工大学出版社，2023.2
　ISBN 978-7-5763-1965-1

　Ⅰ.①工… 　Ⅱ.①王… 　Ⅲ.①建筑工程-招标-高等
学校-教材 ②建筑工程-投标-高等学校-教材 ③建筑工
程-经济合同-管理-高等学校-教材 　Ⅳ.①TU723

中国版本图书馆CIP数据核字（2022）第258694号

出版发行 / 北京理工大学出版社有限责任公司
社　　　址 / 北京市海淀区中关村南大街5号
邮　　　编 / 100081
电　　　话 / （010）68914775（总编室）
　　　　　　（010）82562903（教材售后服务热线）
　　　　　　（010）68944723（其他图书服务热线）
网　　　址 / http://www.bitpress.com.cn
经　　　销 / 全国各地新华书店
印　　　刷 / 河北鑫彩博图印刷有限公司
开　　　本 / 787毫米×1092毫米　1/16
印　　　张 / 13.5　　　　　　　　　　　　　　　　责任编辑 / 钟　博
字　　　数 / 352千字　　　　　　　　　　　　　　文案编辑 / 钟　博
版　　　次 / 2023年2月第1版　2023年2月第1次印刷　　责任校对 / 周瑞红
定　　　价 / 59.00元　　　　　　　　　　　　　　　责任印制 / 王美丽

前 言

  "工程招投标与合同管理"是高校建筑工程、建设工程管理等相关专业的一门重要专业课程，通过课程教学使学生掌握建设工程招标、投标及工程合同的相关知识，初步具备编制招标投标文件及进行简单合同管理的基本能力，并为学生提供持续学习的知识储备与能力可持续提升的基础。

  本书编写适应了建筑工程、建设工程管理等相关专业发展与实践，遵循高职学生知识结构特点，牢牢把握"必需、够用"的总体要求，是一本以应用为主、兼顾基本理论的教材。本书根据我国最新的法律、法规、法律解释及合同示范文本，结合工程实际，并结合建造师、监理工程师职业资格考试相关知识点，对建设工程招标、投标，建设工程合同等进行了较为系统的介绍。

  本书分为七章，由王柏春担任主编，侯琳担任副主编，第一～四章由辽宁建筑职业学院王柏春编写，第五～七章由辽宁建筑职业学院侯琳编写。全书由王柏春统稿、定稿，辽宁建筑职业学院高德昊教授担任主审。

  本书编写过程中，参考了大量文献及网络资料，引用了其中的部分内容，在此谨向相关作者致以衷心的感谢！

  由于编者水平有限，本书难免存在疏漏及不妥之处，敬请广大读者批评指正。

编 者

目录

第一章

绪 论

学习目标

知识目标：掌握建设工程承发包的概念和主要方式；熟悉建筑市场及其运行规律；掌握建设工程招标、投标的概念、方式；了解我国招标投标制度的产生和发展历程。

能力目标：能够在建筑市场中完成建设项目的各种报建工作。

素质目标：熟悉我国建筑市场相关法律法规，具有良好的法律意识、良好的职业精神。

案例导入

贯彻落实"建设全国统一大市场"要求，推动招标投标领域的高质量发展

2022 年 3 月 25 日，中共中央、国务院正式发布《关于加快建设全国统一大市场的意见》（以下简称《意见》），提出我国将从基础制度建设、市场设施建设等方面打造全国统一的大市场。这是党的十九大以来，继《优化营商环境条例》《关于构建更加完善的要素市场化配置体制机制的意见》《关于新时代加快完善社会主义市场经济体制的意见》《建设高标准市场体系行动方案》之后，我国完善社会主义市场经济体制的又一重要纲领性文件，对于促进高质量发展、构建新发展格局意义重大。

一、优化营商环境破立并举，构建制度与规则新格局

（1）"破"，是指存量政策的清理废除。《意见》提出，要持续清理招标采购领域违反统一市场建设的规定和做法。目前，各地招标投标法规政策文件总量偏多、规则庞杂不一，加重了市场主体的合规成本。地方保护、所有制歧视、擅自设立审核备案证明事项和办理环节、违规干预市场主体自主权等问题时有发生。根据 2021 年国家发展改革委发布的《关于建立健全招标投标领域优化营商环境长效机制的通知》，要以问题最为突出的市县一级为重点，加大对招标投标制度规则的清理整合力度。除少数调整政府内部行为的文件外，各区县一律不再保留或新制定招标投标制度规则类文件。

（2）"立"，是指增量政策的目标任务。根据《意见》，制定招标投标和政府采购制度规则要严格按照国家有关规定进行公平竞争审查、合法性审核。各地制定出台有关招标投标制

度规则，要充分听取市场主体、行业协会商会意见，现有文件能够解决或者修改后可以解决有关问题的，不再出台新文件。

（3）破立并举，力行简政之道，推动各地方加强本区域招标投标制度体系的规划，强化对招标投标制度的监督指导，将从制度上刹住各地方利用制度规则设置隐性壁垒的可能，构建以优化营商环境为核心的招标投标制度与规则新格局。

二、创新理念让要素自主有序流动，提高要素资源市场化配置效率

提升要素资源的市场化配置效率，是实现统一大市场的内在要求。2020年3月30日，中共中央、国务院发布的《关于构建更加完善的要素市场化配置体制机制的意见》提出，要"推动要素配置依据市场规则、市场价格、市场竞争实现效益最大化和效率最优化"。而《意见》进一步明确，要实施统一的市场准入制度，维护统一的公平竞争制度，并提出了具体的改革任务。市场准入制度、公平竞争制度是要素资源流动所必须依据的市场规则，两份文件的要求一脉相承、逐步深化，体现了国家决心通过强化统一的市场基础制度规则提高要素资源配置效率的政策逻辑。

（1）树立遵循"统一市场准入制度"的招标投标理念。《意见》提出，严格落实"全国一张清单"管理模式，严禁各地区自行发布具有市场准入性质的负面清单。要研究完善市场准入效能，依法开展市场主体登记注册工作。市场准入效能针对商品和服务，市场主体登记注册则针对法人和自然人，国家通过实施统一的准入规则标准，意在打通规则堵点、促进要素资源的自由流通。在招标投标领域，商品和服务、法人和自然人分别是招标投标活动的客体和主体，其准入规则标准与招标投标活动息息相关，既是招标代理机构作为投标人参与市场竞争、维护自身权益应掌握的市场规则，也是招标采购人员依法合规开展招标采购工作应该遵循的重要依据。

（2）树立遵循"公平竞争审查制度"的招标投标理念。《意见》指出，要维护统一的公平竞争制度，坚持对所有市场主体一视同仁、平等对待。2021年6月，国家市场监管总局、国家发展和改革委员会等5部门联合发布了《公平竞争审查制度实施细则》，对市场准入与退出标准等做出了详细规定。此前，企业在什么地方注册，有着明显的地域标签；企业要跨地域运营，是以子公司还是分公司的形式存在，在各地受到的待遇和所支付的成本并不相同。如今，依据《意见》和《公平竞争审查制度实施细则》，没有法律、行政法规或者国务院规定依据，要求经营者在本地注册设立分支机构、在本地拥有一定办公面积、在本地缴纳社会保险等做法，均属于排斥或者限制外地经营者参加本地招标投标活动，属于违法行为。

（3）树立遵循"市场决定要素价格"的招标投标理念。价格形成机制是要素配置市场化改革的核心。《关于构建更加完善的要素市场化配置体制机制的意见》强调，"要引导市场主体依法合理行使要素定价自主权，推动政府定价机制由制定具体价格水平向制定定价规则转变"。需要指出的是，在招标投标领域，有的地方还在强行推出"最低价中标"方法，人为扭曲市场的真实供需与价格，降低甚至遏制了招标投标的择优功能，使得不少优质要素无缘进入市场，最终将遏制行业的高质量发展。

因此，从"全国统一大市场"的高度审视当前的招标投标工作，创新重点是解决"招得好

"不好"的问题。

三、推进招标投标全流程电子化，打造有序开放安全高效体系

《意见》要求，要深入推进招标投标全流程电子化，加快完善电子招标投标制度规则、技术标准，推动优质评标专家等资源跨地区跨行业共享。上述要求表明国家将从构建"全国统一大市场"高度加速推进电子招标投标的意志。

（1）打通全流程电子招标投标的流程与程序。当前，招标采购线上线下双轨交易的局面尚未得到根本改变，距离全流程电子化还有明显差距，症结之一就是制度标准跟不上。以纸质文件和人工操作为制度基础，不能完全适应电子交易的要求。要突破现有纸质招标框架下形成的思维定式，以更新、更高、更包容的理念进行制度创新。根据国家发展改革委法规司负责人近一年来应邀出席中国招标投标协会会议的讲话，国家将加快完善电子招标采购法规制度。

（2）建立联通的标准与要求。2022年4月，国家发展改革委法规司负责人在电子招标投标全流程技术标准编制部署会上指出，要以技术标准编制为抓手，纵深推进招标投标全流程电子化。编制工作既要考虑技术的基础性标准，也要考虑前瞻性、引领性，技术标准不能落后于改革实践。据悉，本次编制工作涉及16项技术标准，第一批共计8项标准已于近日启动，预计2022年年底完成；第二批8项标准计划2023年年底基本完成。

（3）加速推进远程异地评标。这是落实"优质评标专家等资源跨地区跨行业共享"的技术支撑和关键抓手。从业务流程看，标准文件体系对招标、投标、开标、中标、合同签订等均有详细规定，唯独缺乏对如何评标的详细规定，这也使得实践中开展远程异地评标缺乏业务依据，在监管上陷入困境。为此，建议尽快修订出台以全流程电子化招标为主的标准招标文件范本体系，加速推进远程异地评标。

（4）创新监管理念和手段，鼓励区域协同监管和行业协会监督评议。《意见》提出，鼓励跨行政区域按规定联合发布统一监管政策法规及标准规范；鼓励行业协会商会、新闻媒体、消费者和公众共同开展监督评议。

区域协同监管的要求中，"规则、资源、信息、信用"等数字化特征将贯穿始终。2022年3月，国家发展改革委发布的《关于推动长江三角洲区域公共资源交易一体化发展的意见》就是明显的例证。未来，京津冀、成渝地区双城经济圈、长江中游城市群等区域，通过信用监管、智慧监管等新手段开展监管联动、跨省通办、联合执法将成为可能。

（中国招标投标协会　芮丽梅　石国虎）

♻ 案例分析

随着中共中央、国务院正式发布《意见》，将加大对招标投标制度规则的清理整合力度，构建以优化营商环境为核心的招标投标制度与规则新格局；实施统一的市场准入制度，维护统一的公平竞争制度，体现了国家决心通过强化统一的市场基础制度规则提高要素资源配置效率的政策逻辑；深入推进招标投标全流程电子化，加快完善电子招标投标制度规则、技术标准，推动优质评标专家等资源跨地区跨行业共享。

第一节　工程承发包

一、建设工程承发包的概念

承发包是一种商业交易行为，也是一种经营方式，是指交易的一方负责为交易的另一方提供商品或劳务，并按一定价格收取相应报酬的一种交易行为。委托任务并负责支付报酬的一方称为发包人；接受任务并按时完成而取得报酬的一方称为承包人。

建设工程承发包是指发包人通过合同委托承包人为其完成某一工程项目建设过程的各阶段的全部或部分工作，并按一定价格支付相应报酬的交易行为。在建设工程承发包中，发包人一般为建设单位，承包人一般为工程勘察设计单位、施工单位、工程设备供应单位、建筑材料供应单位等，承发包双方在平等互利的基础上签订承包合同，明确各自的经济责任、权利和义务，以保证工程承包合同全面实现。

二、建设工程承发包的内容

建设工程承发包的内容包含了整个建设过程各个阶段的全部工作。对于一个承包单位来说，承包内容可以是建设过程的全部内容，也可以是某一阶段的全部或部分工作。

1. 项目建议书

项目建议书（又称项目立项申请书或立项申请报告），是指由项目筹建单位或项目法人根据国民经济的发展、国家和地方中长期规划、产业政策、生产力布局、国内外市场、所在地的内外部条件，就某一具体新建、扩建项目提出的项目建议文件，是对拟建项目提出的框架性的总体设想。

项目建议书是由项目投资方向其主管部门上报的文件，广泛应用于项目的国家立项审批工作中。它要从宏观上论述项目设立的必要性和可能性，把项目投资的设想变为概略的投资建议。项目建议书的呈报可以供项目审批机关作出初步决策。它可以减少项目选择的盲目性，为下一步可行性研究打下基础。

项目建议书可以由建设单位自行编制，也可以委托工程咨询机构代为编制。

2. 可行性研究

可行性研究是指在项目建议书被批准后，对项目在技术上和经济上是否可行所进行的科学分析与论证。可行性研究是指在调查的基础上，通过市场分析、技术分析、财务分析和国民经济分析，对各种投资项目的技术可行性与经济合理性进行的综合评价。可行性研究的基本任务是对新建或改建项目的主要问题，从技术经济角度进行全面的分析研究，并对其投产后的经济效果进行预测，在既定的范围内进行方案论证的选择，以便最合理地利用资源，达到预定的社会效益和经济效益。可行性研究报告一般委托工程咨询机构代为编制。

3. 勘察、设计

勘察是指查明工程项目建设地点的地貌、地质结构、水文条件等自然地质条件，为项目选址、工程设计和施工提供科学的依据。设计是指从技术上和经济上对拟建工程进行全面规划的工作。大中型项目一般采用两阶段设计，即初步设计和施工图设计；重大型项目和特殊项目采用三阶段设计，即在初步设计和施工图设计中间增加技术设计。勘察、设计可通过方案竞选、招标投标等方式选定勘察设计单位。

4. 材料和设备的采购供应

建设项目所需的材料和设备种类多、数量大。建筑材料的采购供应方式有公开招标、询价报价、直接采购等。设备供应方式有委托承包、设备包干、招标投标等。

5. 建筑安装工程施工

建筑安装工程施工是工程建设过程的重要环节，是将设计蓝图付诸实施的决定性阶段。其任务是把设计图纸变成物质产品，如工厂、学校、医院、住宅、商场等，使预期的生产能力或使用功能得以实现。建筑安装工程施工内容包括施工现场的准备工作，永久性工程的建造、设备安装及工业管道安装等。建筑安装工程施工一般采用招标投标的方式进行工程的承发包。

6. 建设工程监理

建设工程监理是指具有相应资质的工程监理企业，接受建设单位的委托，承担其项目管理工作，并代表建设单位对承建单位的建设行为进行监控的专业化服务活动。其特性主要表现为监理的服务性、科学性、独立性和公正性。

建设工程监理可以是建设工程项目活动的全过程监理，也可以是建设工程项目某一实施阶段的监理，如设计阶段监理、施工阶段监理等。我国目前应用最多的是施工阶段监理。

7. 生产职工培训

基本建设的最终目的是形成新的生产能力。为使新建项目建成交付使用后能尽快发挥设计生产能力，在建设期间就要培养出合格的生产技术工人和管理人员。因此，需要组织生产职工培训。这项工作通常由建设单位委托设备生产厂家或同类企业进行，在实行总承包的情况下，则由项目总承包单位负责，也可委托适当的专业机构来完成。

三、建设工程承发包的方式

建设工程承发包的方式是指发包方与承包方之间的经济关系形式。建设工程承发包的方式多种多样，从承发包的范围、承包方所处地位、承发包合同计价方法、获取承包任务的途径等不同的角度，可以对建设工程承发包方式进行不同的分类。具体如下。

1. 按承发包的范围划分

按承发包的范围划分，建设工程承发包的方式可分为建设全过程承包、阶段承包和专项承包。

（1）建设全过程承包。建设全过程承包也称"统包"，或"一揽子承包"，即通常所说的"交钥匙"。采用这种承包方式，建设单位一般只要提出使用要求和竣工期限，承包单位即可对项目建议书、可行性研究、勘察设计、设备询价与选购、材料订货、工程施工、生产职工培训，直至竣工投产，实行全过程、全面的总承包，并负责对各项分包任务进行综合管理、协调和监督工作。为了有利于建设和生产的衔接，必要时也可以吸收建设单位的部分力量，在承包单位的统一组织下，参加工程建设的有关工作。

(2)阶段承包。阶段承包是指承包单位承包建设过程中某一阶段或某些阶段的工作，如可行性研究、勘察设计、工程施工等。在施工阶段，还可依承包内容的不同细分为包工包料、包工部分包料、包工不包料。

(3)专项承包。专项承包也称专业承包，是指承包单位对建设阶段中的某一专门工程进行的承包，专业性较强，如工程地质勘察、空调系统及防灾系统的设计，施工阶段的电梯安装等。

2. 按承包方所处地位划分

在工程承包中，一个建设项目上往往有不止一个承包单位。承包单位与建设单位之间，以及不同承包单位之间的关系不同，地位不同，也就形成不同的承包方式。常见的有以下几种：

(1)总承包。总承包是指一个建设项目建设全过程或其中某个阶段(如施工阶段)的全部工作，由一个承包单位负责组织实施。这个承包单位可以将若干专业性工作交给不同的专业承包单位去完成，并统一协调和监督它们的工作。在一般情况下，建设单位仅同这个承包单位发生直接关系，而不同各专业承包单位发生直接关系。这样的承包方式叫作总承包。承担这种任务的单位叫作总承包单位，或简称总包。

(2)分承包。分承包简称分包，是相对总承包而言的，即承包者不与建设单位发生直接关系，而是从总承包单位分包某一分项工程(如土方、模板、钢筋等)或某种专业工程(如钢结构制作和安装、卫生设备安装、电梯安装等)，在现场由总包统筹安排其活动，并对总包负责。分包单位通常为专业工程公司，如工业炉窑公司、设备安装公司、装饰工程公司等。国际上通行的分包方式主要有两种：一种是由建设单位指定分包单位，与总包单位签订分包合同；另一种是由总包单位自行选择分包单位签订分包合同。

(3)独立承包。独立承包是指承包单位依靠自身的力量完成承包任务，而不实行分包的承包方式。通常仅适用于规模较小、技术要求比较简单的工程及修缮工程。

(4)联合承包。联合承包是相对于独立承包而言的承包方式，即由两个以上承包单位组成联合体承包一项工程任务，由参加联合的各单位推定代表统一与建设单位签订合同，共同对建设单位负责，并协调它们之间的关系。但参加联合的各单位仍是各自独立经营的企业，只是在共同承包的工程项目上，根据预先达成的协议，承担各自的义务和分享共同的收益，包括投入资金数额、工人和管理人员的派遣、机械设备和临时设施的费用分摊、利润的分享以及风险的分担等。这种承包方式由于多家联合，资金雄厚，技术和管理上可以取长补短，发挥各自的优势。

(5)直接承包。直接承包就是在同一工程项目上，不同的承包单位分别与建设单位签订承包合同，各自直接对建设单位负责。各承包商之间不存在总分包关系，现场上的协调工作可由建设单位自己去做，或委托一个承包商牵头去做，也可聘请专门的项目经理来管理。

3. 按承发包合同计价方法划分

建设工程承发包方式可分为总价合同、单价合同、成本加酬金合同。

工程项目的条件和承包内容的不同，往往要求不同类型的合同和包价计算方法。因此，在实践中，合同类型和计价方法就成为划分承包方式的重要依据。

(1)总价合同。总价合同是指根据合同规定的工程施工内容和有关条件，业主应付给承包商的款额是一个规定的金额，即明确的总价。总价合同也称为总价包干合同，即根据施工招标时的要求和条件，当施工内容和有关条件不发生变化时，业主付给承包商的价款总额就不发生变化。

总价合同又可分为固定总价合同和变动总价合同两种。

①固定总价合同。固定总价合同的特点是以图纸和工程说明书为依据，明确承包内容和计算包价，并一笔包死。在合同执行过程中，除非建设单位要求变更原定的承包内容，承包单位一般不得要求变更包价。这种方式对建设单位比较简便并且需要承担的风险小，因此，为建设单位所欢迎。对承包商来说，如果设计图纸和说明书相当详细，能据此以比较精确地估算造价，签订合同时考虑得也比较周全，不致有太大的风险，也是一种比较简便的承包方式。

②变动总价合同。变动总价合同又称为可调总价合同，是以图纸及规定、规范为基础，按照时价进行计算，得到包括全部工程任务和内容的暂定合同价格。它是一种相对固定的价格，在合同执行过程中，由于通货膨胀等原因而使得工、料成本增加时，可以按照合同约定对合同总价进行相应的调整。当然，一般由于设计变更、工程量变化和其他工程条件变化所引起的费用变化也可以进行调整。因此，通货膨胀等不可预见因素的风险由业主承担，对承包商而言，其风险相对较小。

(2)单价合同。在没有施工详图就需开工，或虽有施工图而对工程的某些条件尚不完全清楚的情况下，既不能比较精确地计算工程量，又要避免建设单位和承包单位任何一方承担过大的风险，采用单价合同是比较适宜的。在实践中，这种承包方式主要有以下两种：

①按分部分项工程单价承包，即由建设单位开列分部分项工程名称和计量单位，如挖土方每立方米、混凝土每立方米、钢结构每吨等，多由承包单位逐项填报单价；也可以由建设单位先提出单价，再由承包单位认可或提出修订的意见后作为正式报价，经双方磋商确定承包单价，然后签订合同，并根据实际完成的工程数量，按此单价结算工程价款。这种承包方式主要适用于没有施工图、工程量不明却急需开工的紧急工程。

②按最终产品单价承包，就是按每一平方米住宅、每一平方米道路等最终产品的单价承包。其报价方式与按分部分项工程单价承包相同。这种承包方式通常适用于采用标准设计的住宅，中、小学校舍和通用厂房等工程。

(3)成本加酬金合同。成本加酬金合同也称为成本补偿合同，这是与固定总价合同正好相反的合同，工程施工的最终合同价格将按照工程实际成本再加上一定的酬金进行计算。在合同签订时，工程实际成本往往不能确定，只能确定酬金的取值比例或者计算原则。

在实践中主要有以下不同的具体做法：

①成本加固定百分数酬金。这种合同总造价将随工程成本而水涨船高，显然不能鼓励承包商关心缩短工期和降低成本，因而对建设单位是不利的。现在这种承包方式已很少被采用。

②成本加固定酬金。工程成本实报实销，但酬金是事先商定的一个固定数目。通常按估算的工程成本的一定百分比确定，数额是固定不变的。这种承包方式虽然不能鼓励承包商关心降低成本；但从尽快取得酬金出发，承包商将会关心缩短工期，这是其可取之处。为了鼓励承包单位更好地工作，也有在固定酬金之外，再根据工程质量、工期和降低成本情况另加奖金的。在这种情况下，奖金所占比例的上限可大于固定酬金，以充分发挥奖励的积极作用。

③成本加浮动酬金。这种承包方式要事先商定工程成本和酬金的预期水平。如果实际成本恰好等于预期水平，工程造价就是成本加固定酬金；如果实际成本低于预期水平，则增加酬金；如果实际成本高于预期水平，则减少酬金。采用这种承包方式，通常规定当实际成本超支而减少酬金时，以原定的固定酬金数额为减少的最高限度。也就是在最坏的情况下，承包人将得不到任何酬金，但不必承担赔偿超支的责任。从理论上讲，这种承包方式既对承发包双方都没有太多风险，又能促使承包商关心降低成本和缩短工期；但在实践中准确地估算预期成本比较困难，所以，要求当事双方具有丰富的经验并掌握充分的信息。

④目标成本加奖罚。在仅有初步设计和工程说明书即迫切要求开工的情况下，可根据粗略估算的工程量和适当的单价表编制概算，作为目标成本；随着详细设计逐步具体化，工程量和目标成本可加以调整，另外规定一个百分数作为酬金；最后结算时，如果实际成本高于目标成本并超过事先商定的界限（如 5%），则减少酬金；如果实际成本低于目标成本（也有一个幅度界限），则增加酬金。

4. 按获取承包任务的途径划分

(1)计划分配承包。在传统的计划经济体制下，由中央和地方政府的计划部门分配建设工程任务，由设计、施工单位与建设单位签订承包合同。

(2)投标竞争承包。通过工程招标投标活动，中标者获得工程任务，与建设单位签订承包合同，这既是国际上通用的获得承包任务的方式，也是我国现阶段的承包建设工程项目的主要方式。

(3)委托承包。委托承包也称协商承包，即由建设单位与承包单位协商，签订委托其承包某项工程任务的合同，主要适用于某些投资限额以下的小型工程。

(4)指令承包。由政府主管部门依法指定工程承包单位，仅适用于某些特殊情况。

第二节　建筑市场

建筑市场信用管理暂行办法

一、建筑市场的概念

"市场"原意是指商品交换的场所。建筑市场是建设工程市场的简称，建筑市场是指以建设工程承发包交易活动为主要内容的市场，是固定资产投资转化为建筑产品的交易场所。

建筑市场又可分为狭义的建筑市场和广义的建筑市场。其中，狭义的建筑市场指的是有形建筑市场（指的是有固定的交易场所）；广义的建筑市场包括有形建筑市场和无形建筑市场。广义的建筑市场实质上是建筑活动中各种交易关系的总和，除有形建筑市场外，还包括生产要素市场、监督管理体系、市场运行机制等。本书如无特别说明，一般指的是广义的建筑市场。

二、建筑市场体系

1. 建筑市场主体

(1)业主。业主，我国也称其为建设单位，是既有某项工程建设需要，又具有该项工程建设相应的建设资金和各种准建手续，在建筑市场中发包工程建设的勘察、设计、施工、监理任务，并最终得到建筑产品的政府部门、企事业单位或个人，业主是建筑市场中的建筑产品和服务的需求者。需要注意的是，业主只有在发包工程或组织工程建设时才成为建筑市场主体。因此，业主作为建筑市场主体具有不确定性。

在建筑产品的交易活动中，业主主要职能有：建设项目可行性研究与立项决策；建设项目的资金筹措与管理；办理建设项目的有关手续；建设项目的招标与合同管理；建设项目的施工与质量管理；建设项目竣工验收和试运行；建设项目的统计与文档管理等。

(2)承包商。承包商是指拥有一定数量的建筑施工装备、流动资金、人员，取得建设行业相应资质证书和营业执照的，能够按照业主的要求提供不同形态的建筑产品并最终得到相应工程价款的建筑施工企业。

承包商从事建设生产，一般需要具备三个方面的条件：拥有符合国家规定的注册资本；拥有与其资质等级相适应且具有注册执业资格的专业技术和管理人员；具有从事相应建筑施工活动所需的技术、施工设备。

承包商的实力由经济、技术、管理、信誉、人才等方面的综合实力共同决定。在激烈的市场竞争下，只有综合实力较强的施工企业才能够脱颖而出，取得施工项目。

(3)工程咨询服务机构。工程咨询服务机构是指具有一定注册资金，一定数量的工程技术、经济管理人员，取得建设咨询相应资质和营业执照，能为工程建设提供勘察设计、建设监理、招标投标代理、工程造价咨询等智力型服务并获取相应报酬的企业。

工程咨询服务机构包括工程勘察设计单位、工程项目管理公司、工程监理公司、工程造价咨询机构、招标投标代理机构等。

2. 建筑市场的客体

建筑市场的客体是指建筑市场的交易对象，即各种建筑产品，包括有形的建筑产品(建筑物、构筑物)和无形的建筑产品(工程咨询、监理等智力型服务)。

3. 建筑市场交易机制

市场交易机制是指在市场规则和主体的市场行为共同运作下的交易运作方式，我国已经形成了以工程招标投标为主要交易形式的市场竞争机制。

4. 建筑市场监管体系

我国已经形成了以企业资质管理、从业人员执业资格管理、有形建筑市场管理为主要内容的市场监督管理体系。近年来，住房和城乡建设部相继颁布实施"四库一平台"、工程业绩录入、全面推行电子化申报和审批、整治注册执业人员挂证行为、劳务用工实名制等制度政策，这些举措必将对建筑业规范发展起到巨大的促进作用。

5. 建筑市场法律体系

《中华人民共和国民法典》《中华人民共和国建筑法》《中华人民共和国招标投标法》及相关的法律、法规、规章，构建了建筑市场法律体系的基础，维护建筑市场秩序、保护主体合法权益。

三、建筑市场的分类

（1）按交易对象划分，建筑市场可分为建筑产品市场、劳动力市场、建筑材料市场、设备租赁市场、技术服务市场等。

（2）按有无固定交易场所，建筑市场可分为有形市场和无形市场。

（3）按其市场交换范围或地理场所，建筑市场可分为国际市场和国内市场。国内市场又可分为城市、农村、部门、地区等建筑市场。

（4）按建筑产品的性质，建筑市场可分为工业建设工程市场、民用建设工程市场、公用建设工程市场、市政工程市场、道路桥梁工程市场、装饰装修工程市场等。

四、建筑市场的特点

1. 建筑市场的范围广，变化大

建筑产品遍及国民经济各个部门和社会生活的各个领域，为建筑施工企业提供了广阔的发展空间。而各行各业对建筑产品的需求既取决于国民经济的发展状况，也取决于消费者的消费倾向。因此，建筑市场的需求状况也是不断变化的。

2. 建筑市场的交换关系复杂

建筑产品的形成涉及业主（建设单位）、勘察、设计、施工、监理等不同利益主体，因此，必须按照基本建设程序和国家有关建筑工程的法律法规、行业政策等，对建筑市场进行相应的管理和规范。

3. 建筑市场主要交易对象的单件性

除通用的建筑构配件外，由于建筑产品的位置固定性，决定了建筑产品不能像日用品等其他商品那样预先生产出来后再进行销售，而是需要按照建设单位的要求，在指定的地点为其建造特定的建筑产品。因此，建设单位往往并不是直接购买已经生产出来的产品，而是选择符合其要求的建筑产品生产单位。

4. 生产活动与交易活动的统一性

伴随着建筑产品的建设过程，建设单位随工程进度进行工程价款的支付，这表明交易活动是伴随着建筑产品的生产建造活动逐步进行的。

5. 建筑市场交易活动的长期性和阶段性

建筑产品从立项建设到通过竣工验收投入使用，经历了开工前各种准备、建设、竣工验收等环节，整个过程一般需要较长的时间，往往以年为单位。这一特点也决定了建筑市场中合同管理发挥着重要的作用，一般要求合同条款要签订得详尽、全面，针对各种可能出现的情形约定好各方的责权利。

在建筑产品建设的不同阶段，建筑市场的交易对象呈现出不同的形态，可能是可行性研究报告、工程咨询报告、勘察报告、设计方案及图纸、建筑实体、造价文件等。

6. 建筑市场的社会性

建筑市场的交易对象主要是建筑产品，而几乎所有建筑产品都具有社会性，涉及社会公共利益。如一座工厂的建设位置涉及城市规划和周围环境，直接、间接地影响到周围人们的生产生活。因此，政府部门必须加强对建筑市场的管理和规范，加强对建筑产品的规划、设计、交易、建造、竣工验收和使用的监督管理，以保证建筑产品在施工阶段和使用阶段的质量与安全。

7. 建筑市场的风险性

从建筑施工企业角度来看，建筑市场的风险主要体现在三个方面：首先是定价风险，在投标时报价过高难以中标，无法获得业务，报价过低则中标后无利可图，甚至导致亏损；其次是建筑产品施工阶段风险，建筑产品生产周期长，在施工阶段可能出现主要建筑材料价格大幅上涨、国家政策变化、自然灾害等，这些因素会影响建筑产品的建造成本、质量、进度；最后是业主单位的支付风险，业主单位是否具有足够的支付能力，直接影响到建筑产品生产建造能否顺利进行，也直接影响到建筑施工企业的经济利益能否实现。

五、建筑市场的资质管理

建筑活动的专业性、技术性要求都很强，且建设工程投资大、周期长，一旦发生问题，将给社会和人民的生命财产安全造成极大损失。因此，为保证建设工程的质量和安全，对从事建设活动的单位和专业技术人员必须实行从业资格管理。

1. 从业单位的资质管理

建筑企业资质管理是一项重要的市场准入制度，是政府调控市场、引导行业发展的重要手段，是住房城乡建设主管部门对从事建筑活动的建筑施工企业、勘察设计单位和工程监理单位的人员素质、管理水平、资金数量、业务能力、技术装备等进行审查的一种管理手段。

《中华人民共和国建筑法》规定，从事建筑活动的建筑施工企业、勘察单位、设计企业和工程监理企业，应当具备下列条件：

(1)有符合国家规定的注册资本。

(2)有与其从事的建筑活动相适应的具有法定执业资格的专业技术人员。

(3)有从事相关建筑活动所应有的技术装备。

(4)法律、行政法规规定的其他条件。

从事建筑工程活动的企业或单位，应当向市场监督管理部门申请设立登记，并由住房城乡建设主管部门审查，颁发资质证书，在资质等级许可证的范围内从事建筑活动。

建筑业企业资质可分为施工综合资质、施工总承包资质、专业承包资质和专业作业资质4个序列。其中，施工综合资质不分类别和等级；施工总承包资质设有13个类别，分为2个等级（甲级、乙级）；专业承包资质设有18个类别，一般分为2个等级（甲级、乙级，部分专业不分等级）；专业作业资质不分类别和等级。依法取得市场监督管理部门颁发的《企业法人营业执照》的企业，在中华人民共和国境内从事土木工程、建筑工程、线路管道设备安装工程、装修工程的新建、扩建、改建等活动，应当申请建筑业企业资质。企业应当按照其拥有的资产、主要人员、已完成的工程业绩和技术装备等条件申请建筑业企业资质，经审查合格，取得建筑业企业资质证书后，方可在资质许可的范围内从事建筑施工活动。

住房和城乡建设部为了响应国务院"放管服"政策，于2020年11月发布了《建设工程企业资质管理制度改革方案》。企业资质类别和等级数量由593项压减至245项，多项资质被取消、合并。紧接着，住房和城乡建设部针对建设工程企业资质"新标准"进行了修订。

为落实建设工程企业资质管理制度改革要求，住房和城乡建设部会同国务院有关部门起草了《建筑业企业资质标准（征求意见稿）》《工程勘察资质标准（征求意见稿）》《工程设计资质标准（征求意见稿）》和《工程监理企业资质标准（征求意见稿）》，于2022年2月底向社会公开征求意见。《建筑业企业资质标准（征求意见稿）》中规定的建筑工程施工总承包资质标准见表1-1。

建筑业企业
资质标准
（征求意见稿）

表1-1　建筑工程施工总承包资质标准

资质标准 资质条件 资质等级	甲级资质	乙级资质
企业资信 能力	净资产1亿元以上	净资产800万元以上
	近3年上缴建筑业增值税平均在800万元以上	
企业主要 人员	具有建筑工程专业一级注册建造师10人以上	具有建筑工程专业注册建造师5人以上
	技术负责人具有10年以上从事工程施工技术管理工作经历，且为建筑工程专业一级注册建造师；主持完成过1项以上本类别等级资质标准要求的工程业绩	技术负责人具有5年以上从事工程施工技术管理工作经历，且为建筑工程专业注册建造师；主持完成过1项以上本类别工程业绩
企业工程 业绩	近5年承担过下列4类中的3类以上工程的施工总承包，工程质量合格。 (1)高度80 m以上的民用建筑工程1项或高度100 m以上的构筑物工程1项或高度80 m以上的构筑物工程2项； (2)地上25层以上的民用建筑工程1项或地上18层以上的民用建筑工程2项； (3)建筑面积12万 m² 以上的民用建筑工程1项，或建筑面积10万 m² 以上的民用建筑工程2项，或建筑面积10万 m² 以上的装配式民用建筑工程1项，或建筑面积8万 m² 以上的钢结构住宅工程1项； (4)单项建安合同额1亿元以上的民用建筑工程	无业绩要求

资质标准 资质条件 资质等级	甲级资质	乙级资质
承包工程范围	可承担各类建筑工程的施工总承包、工程项目管理	(1)高度 100 m 以下的工业、民用建筑工程； (2)高度 120 m 以下的构筑物工程； (3)建筑面积 15 万 m² 以下的建筑工程； (4)单项建安合同额 1.5 亿元以下的建筑工程

根据《工程勘察资质标准(征求意见稿)》，工程勘察资质分为工程勘察综合资质和工程勘察专业资质 2 个序列。工程勘察综合资质是指涵盖所有工程勘察专业的工程勘察资质，不分类别、等级。工程勘察专业资质分为岩土工程、工程测量和勘探测试 3 类，设有甲级、乙级。

在《工程设计资质标准(征求意见稿)》中，工程设计资质分为工程设计综合资质、工程设计行业资质、工程设计专业资质、建筑工程设计事务所资质 4 个序列。工程设计综合资质是指涵盖所有行业、专业和事务所的工程设计资质，不分类别、等级。工程设计行业资质是指涵盖某个行业中的全部专业的工程设计资质，设有 14 个类别和甲级、乙级(部分资质只设甲级)。工程设计专业资质是指某个行业资质标准中的某个专业的工程设计资质，其中包括可在各行业内通用，且可独立进行技术设计的通用专业工程设计资质，设有 67 个类别和甲级、乙级(部分资质只设甲级)。建筑工程设计事务所资质是指由专业设计人员依法成立，从事建筑工程专业设计业务的工程设计资质，设有 3 个类别，不分等级。

《工程监理企业资质标准(征求意见稿)》明确，工程监理企业资质分为综合资质、专业资质 2 个序列。其中，综合资质不分类别、不分等级；专业资质设有 10 个类别，分为 2 个等级(甲级、乙级)。

2. 专业技术人员资格管理

《中华人民共和国建筑法》第十四条规定："从事建筑活动的专业技术人员，应当依法取得相应的执业资格证书，并在执业资格证书许可的范围内从事建筑活动。"

专业技术人员执业资格是对从事某一职业所必备的学识、技术和能力的基本要求。执业资格是政府对某些责任较大、社会通用性强、关系公共利益的专业技术工作实行的准入控制，是专业技术人员依法独立开业或独立从事某种专业技术工作学识、技术和能力的必备标准。

目前，我国已经实施的执业资格制度包括建筑师、结构工程师、建造师、监理工程师、造价工程师、注册咨询工程师等。每个执业资格证书都限定了一定的执业范围，其范围也均由相应的法规或规章所界定。注册执业人员不得超越范围执业。执业资格通过考试的方法取得，考试由国家定期举行，实行全国统一大纲、统一命题、统一组织、统一时间。执业资格实行注册登记制度。在考试通过后，只有经过注册后才能成为注册执业人员。没有注册的，即使通过了统一考试，也不能执业。每个不同的执业资格的注册办法均由相应的法规或规章所规定。由于知识在不断更新，每一位注册执业人员都必须要及时更新知识，因此，都必须要接受继续教育。

专业人员执业资格注册信息、个人工程业绩信息、执业单位变更记录信息、不良行为信息等，可通过全国建筑市场监管公共服务平台查询。

六、建设工程交易中心

建设工程交易中心也称有形建筑市场，是我国在改革中创建的建筑市场有形化管理方式。

把所有代表国家和国有企事业单位投资的业主请进建设工程交易中心进行招标，设置专门的监督机构，是我国针对国有建设项目交易透明度差的问题和加强建筑市场管理的一种独特的方式。

1. 建设工程交易中心的性质与作用

(1)建设工程交易中心的性质。建设工程交易中心是服务性机构，不是政府管理部门，也不是政府授权的监督机构，本身并不具备监督管理职能。但建设工程交易中心的设立是经政府或政府授权的主管部门批准，不以营利为目的，旨在为建立公开、公正、平等竞争的招标投标制度服务，只可经批准收取一定的服务费。

(2)建设工程交易中心的作用。所有建设项目都要在建设工程交易中心内报建、发布招标信息、进行合同授予、申领施工许可证等。招投标活动一般都需在场内进行，并接受有关行政管理部门的监督。建设工程交易中心的设立，对国有投资监督制约机制的建立、规范建设工程承发包行为、将建筑市场纳入法制化的管理轨道起到了重要作用。

由于实行集中办公、公开办事制度和程序，以及实施"窗口"服务，建设工程交易中心的设立，不仅有力地促进了工程招标投标制度的实行，而且遏制了违法违规行为，对于防止腐败、提高行政管理透明度都收到了较好的效果。

2. 建设工程交易中心的功能

(1)场所服务功能。《中华人民共和国招标投标法》等法律明确规定了对于政府部门、国有企事业单位的投资项目，招标方式的选择一般是公开招标方式。所有建设项目进行的招标投标必须在有形建筑市场内进行，必须由政府住房城乡建设管理部门进行监督。按照这个要求，建设工程交易中心必须为工程承发包交易双方进行的建设工程招标、评标、定标、合同谈判等提供设施和场所服务。建设工程交易中心应具备信息发布大厅、洽谈室、开标室、会议室等相关设施，同时，为政府有关部门进驻集中办公、办理有关手续和依法监督招标投标活动提供场所服务。

(2)信息服务功能。建设工程交易中心设置电子显示屏、网站等用来发布各类工程信息等，还定期公布工程造价指数、建筑材料价格、人工费、机械租赁费、工程咨询服务费等，以指导业主和承包商、咨询单位进行投资控制和投标报价。

(3)集中办公功能。住房城乡建设主管部门的各职能机构进驻建设工程交易中心，为建设工程项目进入有形建筑市场进行项目报建、工程招投标和办理有关批准手续进行集中办公与实施统一管理监督。受理申报的内容一般包括工程报建、招标登记、承包商资质审查、合同备案、施工许可证发放等。进驻建设工程交易中心的相关部门集中办公，公布各自的办事制度和程序，既能按照各自的职责依法对建设工程交易活动实施有力监督，又能提高办公效率，节省时间。这种集中办公的方式决定了建设工程交易中心只能集中设立，按照相关法律规定，每个城市原则上只能设立一个建设工程交易中心，特大城市可增设若干个分中心。

3. 建设工程交易中心的运行原则

为了确保建设工程交易中心能够有良好的运行制度，充分发挥其市场功能，必须坚持市场运行的一些基本原则。其主要包括以下几点：

（1）信息公开原则。建设工程交易中心必须充分掌握政策法规、业主、承包商、工程咨询机构的资质、造价指数、招标规则、评标标准等各项信息，并保证市场各方主体都能及时获得所需的信息资料。

（2）依法管理原则。建设工程交易中心应当严格按照法律法规开展工作，尊重建设单位依法按照法律规定选择投标单位和选定中标单位的权利，尊重符合资质条件的建筑业企业提出投标要求和接受邀请参加投标的权利。任何单位和个人不得非法干预交易活动的正常进行。监察机关应当进驻建设工程交易中心实施监督。

（3）公平竞争原则。进驻建设工程交易中心的有关行政监督管理部门应严格监督招投标单位的行为，防止行业、部门垄断和不正当竞争，不得侵犯交易活动各方的合法权益。

（4）属地进入原则。每个城市原则上只能设立一个建设工程交易中心，特大城市可根据实际需要增设若干个区域性分中心。对于跨省市自治区的铁路、公路、水利等工程项目，可在政府有关部门的监督下，通过公告由项目法人组织招标投标。

（5）办事公正原则。建设工程交易中心是政府主管部门批准建立的服务性机构，必须配合进驻的各行政管理部门做好相应的工程交易活动管理和服务工作。要建立监督制约机制，公开办事规则和程序，制定完善的规章制度和工作人员守则。如发现建设工程交易活动中的违法违规行为，应当向政府有关管理部门报告，并协助进行处理。

4. 建设工程交易中心运作的一般程序

按照有关规定，建设项目进入建设工程交易中心后，一般按下列程序进行：

（1）建设工程报建。拟建工程得到批准或备案后，到建设工程交易中心的行政主管部门办理报建备案手续。工程建设项目的报建内容主要包括工程名称、建设地点、投资规模、资金来源、当年投资额、工程规模、工程筹建情况、计划开竣工日期等。

（2）确定招标方式、发布招标信息、编制招标文件。

（3）履行招投标程序。

（4）订立合同并备案。

（5）办理质量监督、安全监督、建筑节能等手续。

（6）申请领取施工许可证。办理建筑工程施工许可证需要满足的条件有：已经办理该建筑工程用地批准手续，即建设工程用地规划许可证；在城市规划区的建筑工程，已经取得建设工程规划许可证；施工场地已经基本具备施工条件需要拆迁的，其拆迁进度符合施工要求（由施工总承包企业出具的施工场地已经具备施工条件的证明文件）；已经确定施工企业；有满足施工需要的施工图纸及技术资料，施工图设计文件已按规定进行了审查；有保证工程质量和安全的具体措施；按照规定应该委托监理的工程已委托监理；建设资金已经落实。建设工期不足一年的，到位资金原则上不得少于工程合同价的 50%，建设工期超过一年的，到位资金原则上不得少于工程合同价的 30%。建设单位应当提供银行出具的资金到位证明，有条件的可以实行银行付款保函或其他第三方担保；法律、行政法规规定的其他条件。

住房城乡建设主管部门应当自收到施工许可证申领材料之日起 15 日内，为符合条件的申请人办理施工许可证。

第三节　建设工程招标投标

一、建设工程招投标的概念和特点

1. 建设工程招投标的概念

招投标是在市场经济条件下进行工程建设、货物买卖、中介服务等经济活动的一种竞争形式和交易方式，是引入竞争机制订立合同的一种法律形式。招投标是一种在国际上普遍运用的、有组织的市场交易行为，是贸易中的一种工程、货物、服务的买卖方式。

建设工程招标是指招标人发出招标公告或投标邀请书，说明招标的工程、货物、服务的范围、标段的划分、数量、投标人的资格要求等，邀请特定或不特定的投标人在规定的时间、地点按照一定的程序进行投标的行为。

建设工程投标是具有合法资格和能力的投标人根据招标条件，经过初步研究和估算，在指定期限内填写标书，提出报价，参加开标活动，争取中标的经济活动。

从法律意义上来讲，建设工程招标是建设单位就拟建工程发布通告，以法定的方式吸引建设项目的承包单位参加竞争，进而通过法定程序从中选择条件优越者来完成工程建设任务的法律行为。

2. 建设工程招投标的特点

(1)平等性。招投标是独立法人之间的经济活动，按照平等、自愿、互利的原则和规范的程序进行，双方享有平等的权利和义务，受到法律的保护和监督。招标人应为所有投标人提供同等的条件，让他们展开公平竞争。

(2)竞争性。招投标活动的核心特点是竞争。按法律规定，每一次有效的招投标活动，投标人至少在三家(包括三家)以上，这就形成了投标人之间的竞争，他们以各自的资金、信誉、技术、价格等开展竞争，招标人则可以"优中选优"。通过招投标活动，可以实现有序竞争，优胜劣汰，优化配置，提高社会和经济效益。

(3)程序性。《中华人民共和国招标投标法》及相关法律政策，对招标人从确定招标采购范围、招标方式、招标组织形式直至选择中标人并签订合同的招标投标全过程每一环节的时间、顺序都有严格、规范的限定，不能随意改变。

（4）一次性。投标要约和中标承诺只有一次机会，且密封投标，招标人与投标人双方不得在招投标过程中就实质性内容进行协商谈判，讨价还价，这也是招投标与询价采购、谈判采购及拍卖竞价的主要区别。

二、建设工程招投标的分类

1. 按照基本建设程序划分

按照工程建设程序，可分为建设项目前期咨询招投标、工程勘察设计招投标、材料设备采购招投标、施工招投标。

2. 按照工程项目承包的范围分类

按照工程承包的范围，可分为项目总承包招标、项目阶段性招标、设计施工招标、工程分承包招标及专项工程承包招标。

3. 按照招标的组织方式划分

按照招标的组织方式划分，可分为自行招标和委托招标两类。

4. 按照招标的内容划分

按照招标的内容划分，可分为工程招标、货物招标和服务招标。

5. 按照招标的竞争程度划分

按照招标的竞争程度划分，可分为公开招标和邀请招标。公开招投标又称无限竞争性招标，是指招标人以招标公告的方式邀请不特定的法人或者其他组织投标；邀请招标是指招标人以投标邀请书的方式邀请特定的法人或者其他组织投标。

6. 按照工程是否具有涉外因素分类

按照工程是否具有涉外因素，可分为国内工程招投标和国际工程招投标。

三、建设工程招投标的基本原则

1. 公开原则

招投标活动的公开原则，首先要求进行招标活动的信息要公开。采用公开招标方式，应当发布招标公告，依法必须进行招标的项目的招标公告，必须通过国家指定的报刊、信息网络或者其他公共媒介发布。无论是招标公告、资格预审公告，还是投标邀请书，都应当载明能大体满足潜在投标人决定是否参加投标竞争所需要的信息。另外，开标的程序、评标的标准和程序、中标的结果等都应当公开。

2. 公平原则

招投标活动的公平原则，要求给予投标人平等的法律地位，使其享有平等的权利和义务，所有投标人的机会平等，不得对潜在投标人实行歧视待遇。招标人不得以任何方式限制或排斥本地区、本系统以外的法人或其他组织参加投标。

3. 公正原则

招投标活动的公正原则，要求招标人必须按同一标准对待所有投标人，评标委员会必须按照同一标准进行评审，建筑市场监管机构应对各参与方依法监督，一视同仁。

4. 诚实信用原则

诚实信用是民事活动的一项基本原则，招投标活动是以订立采购合同为目的的民事活动，当然也适用这一原则。诚实信用原则要求招投标各方都要诚实守信，不得有欺骗、背信的行为。

5. 求效、择优原则

讲求效益和择优定标，是建设工程招投标活动的主要目标。贯彻求效、择优原则最重要的是要有一套科学合理的招投标程序和评标、定标办法。

四、建设工程招投标的意义

1. 提高经济效益和社会效益

我国社会主义市场经济的基本特点是要充分发挥竞争机制作用，使市场主体在平等条件下公平竞争，优胜劣汰，从而实现资源的优化配置。

招标投标是市场竞争的一种重要方式，最大的优点就是能够充分体现"公开、公平、公正"的市场竞争原则，通过招标采购，让众多投标人进行公平竞争，以实现优中选优，从而达到提高经济效益和社会效益、提高招标项目的质量、提高国有资金使用效率、推动投融资管理体制和各行业管理体制的改革的目的。

2. 提升企业竞争力

促进企业转变经营机制，提高企业的创新活力，积极引进先进技术和管理，提高企业生产、服务的质量和效率，不断提升企业市场信誉和竞争力。

3. 健全市场经济体系

维护和规范市场竞争秩序，保护当事人的合法权益，提高市场交易的公平、满意和可信度，促进社会和企业的法治、信用建设，促进政府转变职能，提高行政效率，建立健全现代市场经济体系。

复习思考题

一、选择题

1.【单选题】一个建设项目建设全过程或其中某个阶段（如施工阶段）的全部工作，由一个承包单位负责组织实施。这样的承包方式叫作（   ）。

A. 总承包
B. 分承包
C. 独立承包
D. 联合承包

2.【单选题】下列关于建筑总承包模式特点的说法中，正确的是（   ）。

A. 施工总承包单位负责项目总进度计划的编制、控制、协调
B. 项目质量取决于业主的管理水平和施工总承包单位的技术水平

C. 在开工前就有明确的合同价，有利于业主对总造价的早期控制

D. 业主需负责施工总承包单位和分包单位的管理和组织协调

3.【单选题】按工程实际发生的成本，加上商定的总管理费和利润，来确定工程总造价的合同方式称为(　　)。

A. 总价合同　　　　　　　　　　　　B. 单价合同

C. 成本加酬金合同　　　　　　　　　D. 固定价格合同

4.【单选题】招标人以招标公告的方式邀请不特定的法人或其他组织投标，这种招标方式称为(　　)。

A. 货物招标　　　　　　　　　　　　B. 公开招标

C. 邀请招标　　　　　　　　　　　　D. 自行招标

5.【多选题】建筑业企业资质分为(　　)4个序列。

A. 施工综合资质　　　　　　　　　　B. 施工总承包资质

C. 劳务承包资质　　　　　　　　　　D. 专业承包资质

E. 专业作业资质

二、简答题

1. 简述工程承发包的概念。

2. 简述建设工程承发包方式划分。

3. 简述建筑市场的特点。

4. 简述建筑市场资质管理。

5. 简述建设工程交易中心的功能。

6. 简述建设工程招投标的特点。

7. 简述建设工程招投标的基本原则。

8. 简述建设工程招投标的意义。

第二章

建设工程招标

学习目标

知识目标：熟悉招标范围、规模标准、招标方式；掌握招标的程序；熟悉招标的前期工作；掌握招标控制价的编制、招标文件的编制。

能力目标：能够按照招标的规定开展招标工作。

素质目标：树立高度的责任意识，在编制报标文件时，对所在单位负责，对投标单位负责、对国家负责。

案例导入

××省招标投标领域违法违规典型案例

（选入教材时有删减）

自 2022 年全省招标投标领域专项治理行动启动以来，各级发展改革、公安、财政、住房和城乡建设、交通运输、水利、农业农村等部门上下联动、主动出击、同向发力，针对假招标、假投标、假评标等突出问题进行重点整治，严肃查处存在问题。为充分发挥典型案例的警示作用，推动专项治理行动深入开展，现将典型案例公布如下。

一、抚州高新区新智科技园整体提升改造工程设计施工总承包（EPC）项目限制或排斥潜在投标人案

2019 年 9 月，抚州高新建设投资有限公司作为招标人，在抚州高新区新智科技园整体提升改造工程设计施工总承包（EPC）项目招标文件中设置"投标人在开标之前 60 个月内获得省级及以上勘察设计协会颁发的全省优秀工程设计奖"的不合理加分条件，存在限制或排斥其他潜在投标人的行为，涉及项目金额 3 100 万元。

处理结果：2021 年 5 月，抚州市高新区建设局依法对抚州高新建设投资有限公司处以人民币 5 万元罚款。

二、南昌象湖污水处理厂 10 kV 外线新建工程应招未招案

2020 年 8 月，南昌浦华象湖水务有限公司作为项目实施方，在象湖污水处理厂提升改造 10 kV 外线新建工程的项目金额达 1 050 万元，达到法定必须公开招标的规模范围的情况下，未经核准采用内部邀标方式确定施工单位，未依法进行公开招标。2022 年 1 月，经南昌市住房和城乡建设局执法支队立案调查，南昌浦华象湖水务有限公司存在对必须招标的项目不招标的行为。

处理结果：2022 年 3 月，南昌市住房和城乡建设局依法对南昌浦华象湖水务有限公司处以人民币 6.3 万元罚款。

三、评标专家符某、柳某清、袁某红、彭某华、周某保 5 人不按规定评标案

2021 年 7 月，宜春市经开区经济发展和科技创新局在对 2018 年 9 月开标的经发大道、春风路景观提升改造项目 EPC 总承包项目调查中，发现中标单位江西中云建设公司的投标文件在设计费未响应招标文件且投标书内投标汇总价与投标明细价前后不一致的情况下，评标委员会未按规定对江西中云建设公司作废标处理，而将该公司评为排名第一的中标候选人。

处理结果：2021 年 7 月，宜春市经开区经济发展和科技创新局依法对该项目评标委员会符某、柳某清、袁某红、彭某华、周某保 5 名评标专家作出一年内禁止参加依法必须进行招标项目评标活动的行政处罚。

以上违法违规典型案例，严重扰乱公平公正的市场秩序，破坏招标投标领域营商环境，希望广大招标投标领域市场主体从中汲取教训、引以为戒，依法依规开展招投标活动，自觉抵制违法违规行为。各级行政监督部门将继续加强与纪检监察机关和公安部门的密切配合，切实形成严管严查高压态势，建立常态长效治理机制，着力营造公平公正的市场秩序，优化净化营商环境。

××省招标投标领域专项治理工作小组

2022 年 6 月 23 日

案例分析

1. 在案例一中，存在的问题是限制或排斥潜在投标人。根据《中华人民共和国招标投标法》第十八条规定，招标人不得以不合理的条件限制或者排斥潜在投标人，不得对潜在投标人实行歧视待遇。

2. 在案例二中，存在的问题是达到法定必须公开招标的规模范围的情况下，未依法进行公开招标。根据《中华人民共和国招标投标法》第四条规定，任何单位和个人不得将依法必须进行招标的项目化整为零或者以其他任何方式规避招标。

3. 在案例三中，存在的问题是评标委员会未按规定对江西中云建设公司作废标处理，而将该公司评为排名第一的中标候选人。根据《评标委员会和评标方法暂行规定》规定，投标文件存在重大偏差，为未能对招标文件作出实质性响应，并按规定作否决投标处理。

第一节　建设工程招标概述

一、必须招标的工程建设项目范围和规模标准

为了确定必须招标的工程项目，规范招投标活动，提高工作效率、降低企业成本、预防腐败，根据《中华人民共和国招标投标法，以下简称16号令》，国家发展改革委制定了《必须招标的工程项目规定》（国家发展改革委2018年第16号令，自2018年6月1日起施行，以下简称843号文）。国家发展改革委2018年6月6日公布实施的《必须招标的基础设施和公用事业项目范围规定》（发改法规规〔2018〕843号文）则进一步明确规定了必须招标的工程建设项目范围和规模标准。

(一)必须招标的工程建设项目范围

(1)使用预算资金200万元人民币以上，并且该资金占投资额10%以上的项目和使用国有企事业单位资金，并且该资金占控股或者主导地位的项目。

(2)使用国际组织或者外国政府贷款、援助资金的项目。包括：①使用世界银行、亚洲开发银行等国际组织贷款、援助资金的项目；②使用外国政府及其机构贷款、援助资金的项目。

(3)大型基础设施、公用事业等关系社会公共利益、公众安全的项目，包括：

①煤炭、石油、天然气、电力、新能源等能源基础设施项目；

②铁路、公路、管道、水运，以及公共航空和A1级通用机场等交通运输基础设施项目；

③电信枢纽、通信信息网络等通信基础设施项目；

④防洪、灌溉、排涝、引(供)水等水利基础设施项目；

⑤城市轨道交通等城建项目。

(二)必须招标的工程建设项目规模标准

(1)施工单项合同估算价在400万元人民币以上；

(2)重要设备、材料等货物的采购，单项合同估算价在200万元人民币以上；

(3)勘察、设计、监理等服务的采购，单项合同估算价在100万元人民币以上。同一项目中可以合并进行的勘察、设计、施工、监理以及与工程建设有关的重要设备、材料等的采购，合同估算价合计达到前款规定标准的，必须招标。

(三)准确理解依法必须招标的工程建设项目范围和规模标准

(1)关于使用国有资金的项目。预算资金是指《中华人民共和国预算法》规定的预算资金，包括一般公共预算资金、政府性基金预算资金、国有资本经营预算资金、社会保险基金预算资金。"占控股或者主导地位"，参照《中华人民共和国公司法》第二百一十六条关于控股股东和实际控制人的理解执行，即"其出资额占有限责任公司资本总额百分之五十以上或者其持有的股份占股份有限公司股本总额百分之五十以上的股东；出资额或者持有股份

的比例虽然不足百分之五十，但依其出资额或者持有的股份所享有的表决权已足以对股东会、股东大会的决议产生重大影响的股东"；国有企业事业单位通过投资关系、协议或其他安排，能够实际支配项目建设的，也属于占控股或者主导地位。项目中国有资金的比例，应当按照项目资金来源中所有国有资金之和计算。

（2）关于项目与单项采购的关系。16号令第二条、第三条及843号文第二条规定范围的项目，其勘察、设计、施工、监理以及与工程建设有关的重要设备、材料等的单项采购分别达到16号令第五条规定的相应单项合同价估算标准的，该单项采购必须招标；该项目中未达到前述相应标准的单项采购，不属于16号令规定的必须招标范畴。

（3）关于招标范围列举事项。依法必须招标的工程建设项目范围和规模标准，应当严格执行《中华人民共和国招标投标法》第三条和16号令、843号文规定；法律、行政法规或者国务院对必须进行招标的其他项目范围有规定的，依照其规定。没有法律、行政法规或者国务院规定依据的，法律法规没有明确列举规定的服务事项、项目，不得强制要求招标。

（4）关于同一项目中的合并采购。16号令第五条规定的"同一项目中可以合并进行的勘察、设计、施工、监理以及与工程建设有关的重要设备、材料等的采购，合同估算价合计达到前款规定标准的，必须招标"，目的是防止发包方通过化整为零方式规避招标。其中"同一项目中可以合并进行"，是指根据项目实际，以及行业标准或行业惯例，符合科学性、经济性、可操作性要求，同一项目中适宜放在一起进行采购的同类采购项目。

（5）关于总承包招标的规模标准。对于16号令第二条、第三条规定范围内的项目，发包人依法对工程以及与工程建设有关的货物、服务全部或者部分实行总承包发包的，总承包中施工、货物、服务等各部分的估算价中，只要有一项达到16号令第五条规定相应标准，即施工部分估算价达到400万元以上，或者货物部分达到200万元以上，或者服务部分达到100万元以上，则整个总承包发包应当招标。

（6）关于合同估算价。合同估算价指的是采购人根据初步设计概算、有关计价规定和市场价格水平等因素合理估算的项目合同金额。没有计价规定情况下，采购人可以根据初步设计概算的工程量，按照市场价格水平合理估算项目合同金额。

（四）规范规模标准以下工程建设项目的采购

16号令第二条、第三条及843号文第二条规定范围的项目，其施工、货物、服务采购的单项合同估算价未达到16号令第五条规定规模标准的，该单项采购由采购人依法自主选择采购方式，任何单位和个人不得违法干涉；但是，其中涉及政府采购的，按照政府采购法律法规规定执行。国有企业可以结合实际，建立健全规模标准以下工程建设项目采购制度，推进采购活动公开透明。

（五）可以不招标的情形

《中华人民共和国招标投标法》第六十六条规定，涉及国家安全、国家秘密、抢险救灾或者属于利用扶贫资金实行以工代赈、需要使用农民工等特殊情况，不适宜进行招标的项目，按照国家有关规定可以不进行招标。

除此之外，《中华人民共和国招标投标法实施条例》第九条规定，有下列情形之一的，可以不进行招标：

（1）需要采用不可替代的专利或者专有技术；

（2）采购人依法能够自行建设、生产或者提供；

（3）已通过招标方式选定的特许经营项目投资人依法能够自行建设、生产或者提供；

（4）需要向原中标人采购工程、货物或者服务，否则将影响施工或者功能配套要求；

（5）国家规定的其他特殊情形。

【思考题】 某民营房地产开发公司拟投资 10 亿元在某市进行商品房项目开发，请思考，该项目是否属于必须招标的工程建设项目？

【正确答案】 不属于。

【答案解析】 本题考查的是招标的范围。2017 年 2 月 21 日，《国务院办公厅关于促进建筑业持续健康发展的意见》明确提出，"（二）完善招标投标制度。加快修订《工程建设项目招标范围和规模标准规定》，缩小并严格界定必须进行招标的工程建设项目范围，放宽有关规模标准，防止工程建设项目实行招标'一刀切'。在民间投资的房屋建筑工程中，探索由建设单位自主决定发包方式"。《必须招标的工程项目规定》（国家发展改革委 2018 年第 16 号令，自 2018 年 6 月 1 日起施行）第四条规定，不属于该规定第二条、第三条规定情形的关系社会公共利益、公众安全的项目，必须招标的具体范围由国务院发展改革部门会同国务院有关部门按照确有必要、严格限定的原则制定。其后 2018 年 6 月 6 日，国家发展和改革委员会颁布了《必须招标的基础设施和公用事业项目范围的规定》，进一步明确了不属于《必须招标的工程项目规定》第二条、第三条规定情形的大型基础设施、公用事业等关系社会公共利益、公众安全的项目范围，必须招标的具体范围不包括商品住宅。

因此，该项目不属于必须招标的工程建设项目。

二、建设工程招标的条件

1. 工程建设项目招标应具备的条件

为了建立和维护建设工程项目施工招标程序，招标人必须在招标前做好准备工作，满足招标条件。《工程建设项目施工招标投标办法》第八条规定，依法必须招标的工程建设项目，应当具备下列条件才能进行施工招标：

（1）招标人已经依法成立；

（2）初步设计及概算应当履行审批手续的，已经批准；

（3）招标范围、招标方式和招标组织形式等应当履行核准手续的，已经核准；

（4）有相应资金或资金来源已经落实；

（5）有招标所需的设计图纸及技术资料。

2. 建设单位招标应具备的条件

（1）是法人或依法成立的其他组织；

（2）有与招标工程相适应的经济技术管理人员；

(3)有编制招标文件的能力；

(4)有审查投标单位资质的能力；

(5)有组织开标、评标、定标的能力。

不具备上述第(2)～(5)项条件的，必须委托具有相应资质的招标代理机构进行招标。

三、建设工程招标的方式

建设工程项目的招标通常有公开招标和邀请招标两种方式。

1. 公开招标

公开招标又称无限竞争招标，是招标人通过依法指定的媒介发布招标公告的方式邀请所有不特定的潜在投标人参加投标，并按照法律规定程序和招标文件规定的评标标准和方法确定中标人的一种竞争交易方式。公开招标方式充分体现了在市场机制下公开信息、规范程序、公平竞争、客观评价、公正选择及优胜劣汰的本质要求。

招标人可以在较广的范围内选择中标人，投标竞争激烈，有利于招标人将工程建设项目交予可靠的中标人实施并取得有竞争性的报价；但由于申请投标人较多，一般要设置资格预审程序，而且评标的工作量也较大，所需招标时间长、费用高。

相关的法律法规规定了依法必须公开招标项目主要有以下三类：

一是国家重点项目和省、自治区、直辖市人民政府确定的地方重点项目(《中华人民共和国招标投标法》第十一条)；

二是国有资金占控股或者主导地位的依法必须进行招标的项目(《中华人民共和国招标投标法实施条例》第八条)；

三是其他法律法规规定必须进行公开招标的项目。例如，《中华人民共和国政府采购法》第二十六条规定，公开招标应作为政府采购的主要采购方式；《土地复垦条例》第二十六条规定，政府投资进行复垦的，有关国土资源主管部门应当依照招标投标法律法规的规定，通过公开招标的方式确定土地复垦项目的施工单位。

需要注意的是，属于依法必须公开招标的项目，因存在需求条件和市场供应的限制而无法实施公开招标，且符合法律规定条件情形的，经招标项目有关监督管理部门审批、核准或认定后，可以采用邀请招标方式。

2. 邀请招标

邀请招标也称有限竞争招标，是指招标人通过发出投标邀请书的方式邀请特定的法人或者其他组织投标，从中选定中标者的招标方式。邀请招标的特点有邀请投标不使用公开的公告形式；接受邀请的单位才是合格投标人；投标人的数量有限。

《工程建设项目施工招标投标办法》第十一条规定，依法必须进行公开招标的项目，有下列情形之一的，经批准可以邀请招标：

(1)项目技术复杂或有特殊要求，或者受自然地域环境限制，只有少量潜在投标人可供选择；

(2)涉及国家安全、国家秘密或者抢险救灾，适宜招标但不宜公开招标；

(3)采用公开招标方式的费用占项目合同金额的比例过大。

按照国家有关规定需要履行项目审批、核准手续的依法必须进行施工招标的工程建设项目，其招标方式应当报项目审批部门审批、核准，由项目审批、核准部门在审批、核准项目时作出认定；其他项目由招标人申请有关行政监督部门作出认定。

3. 公开招标和邀请招标两种方式的区别

(1)发布信息的方式不同。公开招标采用招标公告的形式发布，邀请招标采用投标邀请书的形式发布。

(2)选择的范围不同。公开招标针对的是一切潜在的符合条件的法人或其他组织，招标人事先不知道投标人的数量；邀请招标针对特定的法人或其他组织，招标人事先已经大致知道投标者的数量。

(3)竞争的范围不同。由于公开招标使所有符合条件的法人或其他组织都有机会参加投标，竞争的范围较广，竞争性体现得也比较充分，招标人拥有绝对的选择余地，容易获得较好的招标效果；邀请招标中投标人的数量有限，竞争的范围有限，招标人拥有的选择余地相对较小，有可能导致中标的合同价较高，也有可能将某些在技术上或报价上更有竞争力的承包商漏掉。

(4)公开的程度不同。公开招标中，所有的活动都必须严格按照预先确定并为大家所知的程序和标准公开进行；相比而言，邀请招标的公开程度逊色一些。

(5)时间和费用不同。由于邀请招标不发公告，招标文件只送几家，使整个招投标的时间大大缩短，招标费用也相应减少。公开招标的程序比较复杂，从发布公告，投标人作出反应，评标，到签订合同，有许多时间上的要求，要准备许多文件，因而耗时较长，费用也比较高。

【思考题】 与公开招标相比，邀请招标的特点有(　　　)。

A. 以投标邀请书的形式邀请投标人　　　B. 邀请投标人的数量须在 5 家以上

C. 招标人对潜在投标人能力较为了解　　D. 适合于投标资质要求高的重大工程

E. 招投标周期缩短且评标工作量小

【正确答案】 AE

【答案解析】 本题考查的是工程招标方式。选项 B，邀请招标至少向三家发出邀请，不是五家。选项 D，招标资质要求高，不是邀请招标的特点。

四、建设工程施工招标的程序

招标程序主要是指招标工作在时间上应遵循的先后顺序。建设工程施工招标的基本程序主要包括以下几项。

1. 建设工程项目报建

建设工程项目由建设单位或其代理机构在工程项目可行性研究报告或其他立项文件被批准后，须向当地住房城乡建设主管部门或其授权机构进行报建备案，交验工程项目立项的批准文件，包括银行出具的资信证明及建设用地批准文件等其他有关文件。建设工程项目的报建内容主要包括工程名称、建设地点、投资规模、资金来源、当年投资额、工程规模、开工、竣工日期、发包方式、工程筹建情况。

报建备案后，具备招标条件的建设工程项目，即可开始办理招标事宜。凡未报建的工程项目，不得办理招标手续和发放施工许可证。

2. 审查招标人招标资格

招标组织方式与招标方式不同。招标的组织方式有招标人自行组织招标和委托招标代理机构招标两种。住房城乡建设主管部门应审查招标人是否具备自行招标的条件，不具备相关条件的应委托招标代理机构招标。自行招标是指招标人依法自行办理招标事宜；委托招标是指招标人委托招标代理机构办理招标事宜。

招标人自行办理招标事宜所应当具备的具体条件：具有项目法人资格（或者法人资格）；具有与招标项目规模和复杂程度相适应的工程技术、概预算、财务和工程管理等方面专业技术力量；有从事同类工程建设项目招标的经验；设有专门的招标机构或者拥有 3 名以上专职招标业务人员；熟悉和掌握招标投标法及有关法规规章。

3. 申请招标

招标人向招投标行政管理部门申报招标申请书，填写建设工程招标申请表，经过批准后才可以进行招标。建设工程招标申请表的主要内容包括工程名称、建设地点、结构类型、招标建设规模、招标范围、招标方式、要求投标单位资质等级、施工前期准备情况、招标机构组织情况等。

4. 编制资格预审文件及招标文件

依法必须进行招标的项目，其资格预审文件和招标文件在编制时应当使用国家发改委会同有关行政监督部门制定的标准文本。资格预审文件及招标文件须报招投标行政管理部门审查。

5. 发布资格预审公告、招标公告或投标邀请书

为规范招标公告和公示信息发布活动，进一步增强招标投标透明度，保障公平竞争市场秩序，国家发改委制定了《招标公告和公示信息发布管理办法》（中华人民共和国国家发展和改革委员会第 10 号令），自 2018 年 1 月 1 日起施行。招标公告和公示信息，是指招标项目的资格预审公告、招标公告、中标候选人公示、中标结果公示等信息。依法必须招标项目的招标公告和公示信息，除依法需要保密或者涉及商业秘密的内容外，应当按照公益服务、公开透明、高效便捷、集中共享的原则，依法向社会公开。依法必须招标项目的招标公告和公示信息应当在"中国招标投标公共服务平台"或者项目所在地省级电子招标投标公共服务平台发布。

采用公开招标方式的，招标人应当发布招标公告，邀请不特定的法人或者其他组织投标。依法必须进行施工招标项目的招标公告，应当在国家指定的报刊和信息网络上发布。采用邀请招标方式的，招标人应当向三家以上具备承担施工招标项目的能力、资信良好的特定的法人或者其他组织发出投标邀请书。

6. 资格审查

对投标人的资格审查，分为资格预审和资格后审两种。

（1）资格预审。资格预审是指在发售招标文件前，招标人对潜在的投标人进行资质条件、业绩、技术、资金等方面的审查。采用资格预审的情况下，只有通过资格预审的投标人才可以获取招标文件进行投标。

潜在投标人或者其他利害关系人对资格预审文件有异议的，应当在提交资格预审申请文件截止时间 2 日前提出。

（2）资格后审。资格后审是指在开标后评标前对投标人进行的资格审查。采用资格后审的情况下，只有通过资格审查的投标人，其投标文件才是有效的。

7. 发放招标文件

招标文件发放给通过资格预审获得投标资格或被邀请的投标单位。投标单位收到招标文件、图纸和有关资料后，应认真核对。招标单位对招标文件所做的任何修改或补充，须在投标截止时间至少 15 日前，发给所有获得招标文件的投标单位，修改或补充内容作为招标文件的组成部分。投标人对招标文件有异议的，应当在投标截止时间 10 日前提出。招标人应当自收到异议之日起 3 日内作出答复；作出答复前，应当暂停招标投标活动。

8. 组织现场踏勘，召开投标预备会

招标人根据招标项目的具体情况，可以组织潜在投标人踏勘项目现场，向其介绍工程场地和相关环境的有关情况。潜在投标人依据招标人介绍情况作出的判断和决策，由投标人自行负责。

招标人不得单独或者分别组织任何一个投标人进行现场踏勘。对于潜在投标人在现场踏勘中提出的疑问，招标人可以书面形式或召开投标预备会的方式解答，但需同时将解答以书面方式通知所有购买招标文件的潜在投标人。该解答的内容为招标文件的组成部分。

9. 投标文件的接收

投标人根据招标文件的要求，编制投标文件，并进行密封，在投标截止时间前按规定的地点提交给招标人。

10. 开标

开标应当在招标文件确定的提交投标文件截止时间的同一时间公开进行；开标地点应当为招标文件中预先确定的地点。开标由招标人主持，邀请所有投标人参加。

11. 评标

评标由招标人依法组建的评标委员会负责。招标人应当采取必要的措施，保证评标在严格保密的情况下进行。任何单位和个人不得非法干预、影响评标的过程和结果。评标委员会应当按照招标文件确定的评标标准和方法，对投标文件进行评审和比较；设有标底的，应当参考标底。评标委员会完成评标后，应当向招标人提交书面评标报告。

12. 定标

在招投标项目中，定标是指招标人根据评标委员会提出的书面评标报告和推荐的中标候选人确定中标人。评标委员会在评标报告中推荐的中标候选人应当限定在一至三人，并

标明排列顺序。招标人可以授权评标委员会直接确定中标人。

13. 签订合同

招标人与中标人应当在招标通知书发出之日起 30 日内，按照招标文件和中标人的投标文件签订书面合同。

【思考题】 关于招标基本程序的说法，正确的有（　　　）。

A. 招标项目按照国家有关规定需要履行项目审批手续的，可以先行办理招标事宜，再履行审批手续

B. 招标投标活动应当遵循公开、公平、公正和诚实信用的原则

C. 招标人具有编制招标文件和组织评标能力的，可以自行办理招标事宜

D. 招标代理机构可以为所代理的招标项目的投标人提供咨询

E. 委托招标代理机构应当采用招标方式进行

【正确答案】 BC

【答案解析】 本题是 2021 年二级建造师考试题，考查的是招标基本程序。

选项 A 错误，招标项目按照国家有关规定需要履行项目审批手续的，应当先履行审批手续，取得批准。选项 D 错误，招标代理机构不得在所代理的招标项目中投标或者代理投标，也不得为所代理的招标项目的投标人提供咨询。选项 E 错误，招标人有权自行选择招标代理机构，委托其办理招标事宜。

第二节　建设工程招标前期工作

一、建设项目报建

招标人在招标前应到招投标行政管理部门办理项目报建手续，办理项目报建手续时应当提供以下材料。

(1)项目立项的批准文件。如发改委关于该项目的批准文件。

(2)扩初批复或会审纪要，是指扩初设计的成果批准文件，一般都需要相关部门进行评审，并报发改委批准。

(3)建设项目用地规划许可证和建设工程规划许可证。

(4)建设资金证明。

(5)工程项目建设报建表。

二、工程类别核定

招标投标行政管理部门签署报建意见发布项目报建信息后，招标人应到造价管理部门办理建筑工程类别核定手续，见表 2-1。

表 2-1　建筑工程类别核定表

工程名称	××市××县××办公大厦	批准文号	××市市政委
法定代表人	××	联系人及电话	××
工程投资额	800 万元	工程总面积	4 745.6 m²
工程概况			

本工程建筑面积为 4 745.6 m²，结构形式为框架-剪力墙结构体系，层数为 5 层，檐高为 15.6 m，要求质量标准为市优工程，投资类别为国有投资为主。

建设单位(盖章)　　　　　2021 年×月×日

其他需要说明的问题：无

初审意见：

房屋建筑工程三类

经办人：　　审核人：　　　2021 年×月×日

备注	
说明	1. 工程类别指建筑、安装、市政、园林、装修、人防工程； 2. 工程概况是指费用定额类别特征，如面积、层数、高度、跨度、地下室、投资类别性质等； 3. 本表一式三份，招标办、建设单位、办证窗口各一份

三、发包申请

　　招标人办理完项目报建和工程类别核定手续后，向交易中心和招标投标行政管理部门提出发包申请，办理发包申请时须提交下列材料：

　　(1)建设工程发包申请书。

　　(2)年度投资计划。

　　(3)土地使用权证。

　　(4)规划许可证。

　　(5)建筑工程报建表(招投标行政管理部门办理)。

　　(6)工程类别核定表(造价管理部门办理)。

　　(7)招标文件送审稿。

表 2-2 为××县政府投资项目招标发包申请书。

表 2-2　××县政府投资项目招标发包申请书

招标人			
单位地址			
联系人		联系电话	
项目名称			
项目建设地址			
项目估算总投资		本次招标单项合同估算额	
资金来源构成	政府投资：　　%；自筹：　　%；贷款：　　%；外资：　　%。		
建设内容及规模			
立项批准部门及文号			
招标范围	勘察/设计/施工/监理/工程总承包(EPC)		
招标组织形式	自行办理招标/委托代理招标		
招标方式	公开招标/邀请招标		
资格审查方式	资格预审/资格后审		
发布公告媒介	全国公共资源交易平台(××省)、××采购与招标网、××县人民政府网同时发布		
投标人资格要求	对投标人的要求		
	对项目部组成人员的要求		
	其他要求		

招标人意见：	主管预算单位意见：
（单位公章） 年　　月　　日	（单位公章） 年　　月　　日
行业主管部门意见： （单位公章） 年　　月　　日	
县财政局资金意见： （单位公章） 年　　月　　日	
县招投标服务中心备案意见： （备案章） 年　　月　　日	

四、招标代理委托合同签订

招标人委托招标代理机构办理招标事宜的，招标代理机构应当与招标人签订工程招标代理书面委托合同，并在法律规定和合同约定的范围内依法开展工程招标代理活动。

第三节　招标公告和投标邀请书的编制

一、招标公告的编制

招标人采用公开招标方式的，应当发布招标公告。依法必须进行招标的项目的招标公告，应当通过国家指定的报刊、信息网络或者其他媒介发布。

适用于资格后审的招标公告实例如下：

招标公告（未进行资格预审）

_____（项目名称）_____标段施工招标公告

1. 招标条件

本招标项目_____（项目名称）已由_____（项目审批、核准或备案机关名称）以_____（批文名称及编号）批准建设，项目业主为_____，建设资金来自_____（资金来源），项目出资比例为_____，招标人为_____。项目已具备招标条件，现对该项目的施工进行公开招标。

2. 项目概况与招标范围

_____（说明本次招标项目的建设地点、规模、计划工期、招标范围、标段划分等）。

3. 投标人资格要求

3.1 本次招标要求投标人须具备_____资质，_____业绩，并在人员、设备、资金等方面具有相应的施工能力。

3.2 本次招标_____（接受或不接受）联合体投标。联合体投标的，应满足下列要求：_____。

3.3 各投标人均可就上述标段中的_____（具体数量）个标段投标。

4. 招标文件的获取

4.1 凡有意参加投标者，请于_____年_____月_____日至_____年_____月_____日（法定公休日、法定节假日除外），每日上午_____时至_____时，下午_____时至_____时（北京时间，下同），在_____（详细地址）持单位介绍信购买招标文件。

4.2 招标文件每套售价_____元，售后不退。图纸押金_____元，在退还图纸时退还（不计利息）。

4.3 邮购招标文件的，需另加手续费（含邮费）_____元。招标人在收到单位介绍信和邮购款（含手续费）后_____日内寄送。

5. 投标文件的递交

5.1 投标文件递交的截止时间（投标截止时间，下同）为_____年_____月_____日_____时_____分，地点为_____。

5.2 逾期送达的或者未送达指定地点的投标文件，招标人不予受理。

6. 发布公告的媒介

本次招标公告同时在_____（发布公告的媒介名称）上发布。

7. 联系方式

招标人：_____	招标代理机构：_____
地址：_____	地址：_____
邮编：_____	邮编：_____
联系人：_____	联系人：_____

电话：_____ 电话：_____

传真：_____ 传真：_____

电子邮件：_____ 电子邮件：_____

网址：_____ 网址：_____

开户银行：_____ 开户银行：_____

账号：_____ 账号：_____

_____年_____月_____日

二、投标邀请书的编制

投标邀请书适用于邀请招标方式，也适用于公开招标方式在采用资格预审情况下(也称为代资格预审通过通知书)两种情况。

1. 投标邀请书(适用于邀请招标)

投标邀请书(适用于邀请招标)

_____(项目名称)_____标段施工投标邀请书

_____(被邀请单位名称)：

1. 招标条件

本招标项目_____(项目名称)已_____(项目审批、核准或备案机关名称)以_____(批文名称及编号)批准建设，项目业主为_____，建设资金来自_____(资金来源)，出资比例为_____，招标人为_____。项目已具备招标条件，现邀请你单位参加_____(项目名称)_____标段施工投标。

2. 项目概况与招标范围

_____(说明本次招标项目的建设地点、规模、计划工期、招标范围、标段划分等)。

3. 投标人资格要求

3.1 本次招标要求投标人具备_____资质，_____业绩，并在人员、设备、资金等方面具有承担本标段施工的能力。

3.2 你单位_____(可以或不可以)组成联合体投标。联合体投标的，应满足下列要求：_____。

4. 招标文件的获取

4.1 请于_____年_____月_____日至_____年_____月_____日(法定公休日、法定节假日除外)，每日上午_____时至_____时，下午_____时至_____时(北京时间，下同)，在_____(详细地址)持本投标邀请书购买招标文件。

4.2 招标文件每套售价_____元，售后不退。图纸押金_____元，在退还图纸时退还(不计利息)。

4.3 邮购招标文件的，需另加手续费(含邮费)_____元。招标人在收到邮购款(含手续费)后_____日内寄送。

5. 投标文件的递交

5.1 投标文件递交的截止时间(投标截止时间,下同)为_____年_____月_____日_____时_____分,地点为_____。

5.2 逾期送达的或未送达指定地点的投标文件,招标人不予受理。

6. 确认

你单位收到本投标邀请书后,请于_____(具体时间)前以传真或快递方式予以确认。

7. 联系方式

招标人:_____   招标代理机构:_____

地址:_____   地址:_____

邮编:_____   邮编:_____

联系人:_____   联系人:_____

电话:_____   电话:_____

传真:_____   传真:_____

电子邮件:_____   电子邮件:_____

网址:_____   网址:_____

开户银行:_____   开户银行:_____

账号:_____   账号:_____

_____年_____月_____日

2. 投标邀请书(代资格预审通过通知书)

投标邀请书(代资格预审通过通知书)

_____(项目名称)_____标段施工投标邀请书

_____(被邀请单位姓名):

你单位已通过资格预审,现邀请你单位按招标文件规定的内容,参加_____(项目名称)_____标段施工招标。

请你单位于_____年___月___日至_____年___月___日(法定休息日、法定节假日除外),每日上午___时至___时,下午___时至_____时(北京时间,下同),在_____(详细地址)持本投标邀请单位介绍信及经办人身份证购买招标文件。

招标文件每套售价_____元,图纸每套售价_____元,招标人根据对本合同工程勘察所取得的水文、地质、气象等资料编制的参考资料每套售价_____元,售后不退。

招标人将于下列时间和地点组织进行工程现场勘察并召开投标预备会。

踏勘现场时间:_____年___月___日,集中地点:_____;

投标预备会时间:_____年___月___日,地点:_____;

递交投标文件的截止时间(投标截止时间,下同)为_____年___月___日___时

____分，投标人应于当日____时____分至____时____分将投标文件递交至_____。

逾期送达的或者未送达指定地点的投标文件，招标人不予受理。

你单位收到本投标邀请书后，请于_____（具体时间）前以传真或快递方式予以确认，并明确是否准备参与投标。

招标人：_____　　　招标代理机构：_____

地址：_____　　　地址：_____

邮政编码：_____　　　邮政编码：_____

联系人：_____　　　联系人：_____

电话：_____　　　电话：_____

传真：_____　　　传真：_____

　　　　　　　　　　　　　　　　　_____年_____月_____日

第四节　资格审查

房屋建筑和市政工程标准
施工招标资格预审文件

一、资格审查的概念和目的

资格审查是指招标人对资格预审申请人或投标人的经营资格、专业资质、财务状况、技术能力、管理能力、业绩、信誉等方面评估审查，以判定其是否具有参与项目投标和履行合同的资格及能力的活动。

资格审查是工程招投标活动中的重要管理环节，其保证参与投标活动的相关主体确实具有承接工程项目的能力，并为建设工程质量、投资、进度与安全控制目标的顺利实现形成保障。

根据《工程建设项目施工招标投标办法》第十七条，资格审查分为资格预审和资格后审。前者是指在投标前对潜在投标人进行的资格审查；后者是指在开标后对投标人进行的资格审查。

（1）资格预审。资格预审是招标人投标前对获取资格预审文件并提交资格预审申请文件的潜在投标人进行资格审查的一种方式，由招标人或者由其依法组建的资格审查委员会按照资格预审文件确定的审查方法、资格条件及审查标准，对资格预审申请人的经营资格、专业资质、财务状况、类似项目业绩、履约信誉等条件进行评审，以确定通过资格预审的申请人。未通过资格预审的申请人，不具有投标的资格。资格预审的方法包括合格制和有限数量制。一般情况下应采用合格制，潜在投标人过多的，可采用有限数量制。资格预审有效发挥着优化招标管理，减轻评标难度与工作量，提高工程质量与合同履约等多方面的重要作用。但同时，资格预审环节也带来了延长招标周期、增加招标投标成本、为围串标等非法活动提供可乘之机等问题。

（2）资格后审。资格后审是在开标后由评标委员会对投标人进行的资格审查。采用资格后审时，招标人应当在开标后由评标委员会按照招标文件规定的标准和方法对投标人的资格进行审查。资格后审是评标工作的一个重要内容。对资格后审不合格的投标人，评标委员会应否决其投标。

全国已有不少省（市）下发文件，提出逐步取消资格预审，全面实行投标人资格后审。但就实务应用来看，投标人资格预审依旧是当下建筑招投标市场主要的资格审查方式。

本节主要介绍资格预审。

二、资格预审的程序

1. 资格预审文件的编制

资格预审文件是告知投标申请人资格预审的条件、标准和方法的文件，是投标申请人编制资格预审申请文件、参加资格预审的依据，也是招标人对投标申请人的经营资格和履约能力进行评审并确定合格投标人的依据。

资格预审文件应按照《房屋建筑和市政工程标准施工招标资格预审文件》规定的内容及格式，结合招标项目的具体特点和实际需要进行编制。

资格预审文件可分为资格预审须知、申请人须知、资格审查办法、资格预审申请文件格式、项目建设概况五个部分。

2. 资格预审公告发布

依据《中华人民共和国招标投标法实施条例》规定，招标人采用资格预审办法对潜在投标人进行资格审查的，应当发布资格预审公告、编制资格预审文件。

3. 资格预审文件发售

资格预审文件发售期不得少于 5 日，招标人发售资格预审文件收取的费用应当限于补偿印刷、邮寄的成本支出，不得以营利为目的。

4. 资格预审文件提交

《中华人民共和国招标投标法实施条例》规定，招标人应当合理确定提交资格预审申请文件的时间。依法必须进行招标的项目提交资格预审申请文件的时间，自资格预审文件停止发售之日起不得少于 5 日。

5. 组建资格审查委员会

资格审查的评审工作由招标人依法组建的资格评审委员会负责。招标人只能派 1 名代表进入资格评审委员会，资格评审委员会的成员除招标人代表外必须在政府指定的评标专家库中随机抽取。

6. 资格审查与评定

资格评审委员会应当严谨、客观、公正地履行职责，遵守职业道德，根据资格审查文件规定的标准、方法和要求对投标人资格条件进行审查，全面评审和比较，对所提出的评审意见负责，并不得修改有关资格审查条件。资格评审期间，资格评审委员会成员和其他参与评审活动的工作人员不得发表有倾向性或诱导、影响其他评审成员的言论，不得对不同投标人采取不同的审查标准。

资格预审结束后，招标人应当及时向资格预审申请人发出资格预审结果通知书。未通过资格预审的申请人不具有投标资格。通过资格预审的申请人少于 3 个的，应当重新招标。

三、资格预审的方法

资格预审的审查方法有合格制和有限数量制两种。

(1)合格制。合格制是指按资格预审文件规定的条件对资格预审申请人进行资格审查，符合资格预审文件规定资格条件的申请人为合格申请人。

(2)有限数量制。有限数量制是指对合格申请人进行综合评价，根据评价结果及规定的限制数量择优确定通过资格预审的申请人。资格审查委员会按照资格预审文件中规定的审查标准和程序，对通过初步审查和详细审查的资格预审申请文件进行量化打分，按得分由高到低的顺序择优确定通过资格预审的申请人。

四、资格预审公告实例

××科技大学主校区研究生宿舍项目施工资格预审公告

项目概况

××科技大学主校区研究生宿舍项目施工招标项目的潜在资格预审申请人应在湖北省电子招投标交易平台，具体详见资格预审公告及资格预审文件领取资格预审文件，并于 2021 年 07 月 12 日 09 点 30 分(北京时间)前提交申请文件。

一、项目基本情况

项目编号：HBSJ－202106 FJ－127001001

项目名称：××科技大学主校区研究生宿舍项目施工

采购方式：公开招标

预算金额：35 171.00 万元(人民币)

采购需求：

××科技大学主校区研究生宿舍项目施工总承包，主要建设内容为学生宿舍及地下车库等，具体内容以施工图纸和工程量清单为准。

合同履行期限：计划工期：730 日历天

本项目不接受联合体投标。

二、申请人的资格要求

1.满足《中华人民共和国政府采购法》第二十二条规定；

2.落实政府采购政策需满足的资格要求：

具体详见资格预审公告及资格预审文件。

3.本项目的特定资格要求：

3.1 本次资格预审要求申请人具备：住房城乡建设主管部门颁发的有效的建筑工程施工总承包三级(新证乙级)及以上资质，近五年完成过 1 项单项合同金额 35 000 万元及以上且单体建筑面积 75 000 m² 及以上的房屋建筑工程施工总承包业绩[近 5 年是指从申请截止日往前推算的 5 年，以竣工验收或接收证明文件时间为准，须提供中标通知书、中标公示网页截图、施工合同、工程接收证书或工程竣工验收证书（工程竣工验收备案证）、《全国建筑市场监管公共服务平台》业绩登记信息截图等证明材料]，并在人员、设备、资金等方面具备相应的施工能力，其中，申请人拟派项目经理须具备建筑工程专业一级注册建造师执业资格和有效的安全生产考核合格证书（B证），且未担任其他在施建设工程项目的项目经理。

3.2　本次资格预审不接受联合体资格预审申请。

3.3　各申请人可就本项目上述标段中的1个标段提出资格预审申请，通过资格审查后参加相应标段的投标，但最多允许中标1个标段。

三、领取资格预审文件

时间：2021年7月1日至2021年7月5日，每天上午8：00至12：00，下午12：00至21：00。（北京时间，法定节假日除外）

地点：湖北省电子招投标交易平台，具体详见资格预审公告及资格预审文件。

获取资格预审文件的方式

1. 凡有意申请资格预审者（若为联合体申请，指联合体所有成员），应当在湖北省电子招投标交易平台（以下简称"电子交易平台"，下同）（网址：www.hbbidcloud.cn）进行注册登记，并办理CA数字证书（具体操作参见"电子交易平台"—办事指南—交易主体注册登记指南）；

2. 完成注册登记后，请于2021年7月1日至2021年7月5日24：00时止（北京时间、下同），通过互联网使用CA数字证书登录"电子交易平台"，在所申请标段免费下载资格预审文件。联合体申请的，由联合体牵头人下载资格预审文件[具体操作参见"电子交易平台"—办事指南—招标（资审）文件下载指南]。未按规定从"电子交易平台"下载资格预审文件的，招标人（"电子交易平台"）拒收其申请文件。

四、资格预审申请文件的组成及格式

具体详见资格预审公告及资格预审文件。

五、资格预审的审查标准及方法

本次资格预审采用有限数量制，采用有限数量制的，当通过详细审查的申请人多于15家时，除得分相同导致并列排名的情形外，通过资格预审的申请人限定为15家。

六、拟邀请参加投标的供应商数量

邀请全部通过资格预审供应商参加投标。

七、申请文件提交

应在2021年7月12日9点30分（北京时间）前，将申请文件提交至网上提交，具体详见资格预审公告及资格预审文件。

八、资格预审日期

资格预审日期为申请文件提交截止时间至2021年7月12日前。

九、公告期限

自本公告发布之日起5个工作日。

十、其他补充事宜

本项目委托湖北省招标股份有限公司代理组织公开招标。

中华人民共和国

标准施工招标资格预审文件

（2007 年版）

_____（项目名称）_____标段施工招标

资格预审文件

招标人：_____（盖单位章）

_____年_____月_____日

第一章　资格预审公告

_____(项目名称)_____标段施工招标
资格预审公告(代招标公告)

1. 招标条件

本招标项目_____(项目名称)已由_____(项目审批、核准或备案机关名称)以_____(批文名称及编号)批准建设，项目业主为_____，建设资金来自_____(资金来源)，项目出资比例为_____，招标人为_____。项目已具备招标条件，现进行公开招标，特邀请有兴趣的潜在投标人(以下简称申请人)提出资格预审申请。

2. 项目概况与招标范围

_____(说明本次招标项目的建设地点、规模、计划工期、招标范围、标段划分等)。

3. 申请人资格要求

3.1　本次资格预审要求申请人具备_____资质，_____业绩，并在人员、设备、资金等方面具备相应的施工能力。

3.2　本次资格预审_____(接受或不接受)联合体资格预审申请。联合体申请资格预审的，应满足下列要求：_____。

3.3　各申请人可就上述标段中的_____(具体数量)个标段提出资格预审申请。

4. 资格预审方法

本次资格预审采用_____(合格制/有限数量制)。

5. 资格预审文件的获取

5.1　请申请人于_____年_____月_____日至_____年_____月_____日(法定公休日、法定节假日除外)，每日上午_____时至_____时，下午_____时至_____时(北京时间，下同)，在_____(详细地址)持单位介绍信购买资格预审文件。

5.2　资格预审文件每套售价_____元，售后不退。

5.3　邮购资格预审文件的，需另加手续费(含邮费)_____元。招标人在收到单位介绍信和邮购款(含手续费)后_____日内寄送。

6. 资格预审申请文件的递交

6.1　递交资格预审申请文件截止时间(申请截止时间，下同)为_____年_____月_____日_____时_____分，地点为_____。

6.2　逾期送达或者未送达指定地点的资格预审申请文件，招标人不予受理。

7. 发布公告的媒介

本次资格预审公告同时在_____(发布公告的媒介名称)上发布。

8. 联系方式

招标人：_____	招标代理机构：_____
地址：_____	地址：_____
邮编：_____	邮编：_____
联系人：_____	联系人：_____
电话：_____	电话：_____

传真：_____ 传真：_____

电子邮件：_____ 电子邮件：_____

网址：_____ 网址：_____

开户银行：_____ 开户银行：_____

账号：_____ 账号：_____

_____年_____月_____日

第二章　申请人须知

申请人须知前附表

条款号	条款名称	编列内容
1.1.2	招标人	名称： 地址： 联系人： 电话：
1.1.3	招标代理机构	名称： 地址： 联系人： 电话：
1.1.4	项目名称	
1.1.5	建设地点	
1.2.1	资金来源	
1.2.2	出资比例	
1.2.3	资金落实情况	
1.3.1	招标范围	
1.3.2	计划工期	计划工期：_____日历天 计划开工日期：_____年_____月_____日 计划竣工日期：_____年_____月_____日
1.3.3	质量要求	
1.4.1	申请人资质条件、能力和信誉	资质条件： 财务要求： 业绩要求： 信誉要求： 项目经理(建造师，下同)资格： 其他要求：
1.4.2	是否接受联合体资格预审申请	□不接受 □接受，应满足下列要求：

条款号	条款名称	编列内容
2.2.1	申请人要求澄清 资格预审文件的截止时间	
2.2.2	招标人澄清 资格预审文件的截止时间	
2.2.3	申请人确认收到 资格预审文件澄清的时间	
2.3.1	招标人修改 资格预审文件的截止时间	
2.3.2	申请人确认收到 资格预审文件修改的时间	
3.1.1	申请人需补充的其他材料	
3.2.4	近年财务状况的年份要求	_____年
3.2.5	近年完成的类似项目的 年份要求	_____年
3.2.7	近年发生的诉讼及仲裁情况的年份要求	_____年
3.3.1	签字或盖章要求	
3.3.2	资格预审申请文件副本份数	_____份
3.3.3	资格预审申请文件的装订要求	
4.1.2	封套上写明	招标人的地址： 招标人全称： _____（项目名称）_____标段施工招标资格预审申请文件在_____年_____月_____日_____时_____分前不得开启
4.2.1	申请截止时间	_____年_____月_____日_____时_____分
4.2.2	递交资格预审申请文件的地点	
4.2.3	是否退还资格预审申请文件	
5.1.2	审查委员会人数	
5.2	资格审查方法	
6.1	资格预审结果的通知时间	
6.3	资格预审结果的确认时间	
9	需要补充的其他内容	
……	……	

1. 总则

  1.1 项目概况

  1.2 资金来源和落实情况

  1.3 招标范围、计划工期和质量要求

  1.4 申请人资格要求

    1.4.1 申请人应具备承担本标段施工的资质条件、能力和信誉。资质条件、财务要求、业绩要求、信誉要求、项目经理资格、其他要求见申请人须知前附表。

    1.4.2 申请人须知前附表规定接受联合体申请资格预审的，联合体申请人除应符合本章第1.4.1项和申请人须知前附表的要求外，还应遵守以下规定：

      (1)联合体各方必须按资格预审文件提供的格式签订联合体协议书，明确联合体牵头人和各方的权利义务；

      (2)由同一专业的单位组成的联合体，按照资质等级较低的单位确定资质等级；

      (3)通过资格预审的联合体，其各方组成结构或职责，以及财务能力、信誉情况等资格条件不得改变；

      (4)联合体各方不得再以自己名义单独或加入其他联合体在同一标段中参加资格预审。

    1.4.3 申请人不得存在下列情形之一：

      (1)为招标人不具有独立法人资格的附属机构(单位)；

      (2)为本标段前期准备提供设计或咨询服务的，但设计施工总承包的除外；

      (3)为本标段的监理人；

      (4)为本标段的代建人；

      (5)为本标段提供招标代理服务的；

      (6)与本标段的监理人或代建人或招标代理机构同为一个法定代表人的；

      (7)与本标段的监理人或代建人或招标代理机构相互控股或参股的；

      (8)与本标段的监理人或代建人或招标代理机构相互任职或工作的；

      (9)被责令停业的；

      (10)被暂停或取消投标资格的；

      (11)财产被接管或冻结的；

      (12)在最近三年内有骗取中标或严重违约或重大工程质量问题的。

  1.5 语言文字

    除专用术语外，来往文件均使用中文。必要时专用术语应附有中文注释。

  1.6 费用承担

    申请人准备和参加资格预审发生的费用自理。

2. 资格预审文件

  2.1 资格预审文件的组成

    2.1.1 本次资格预审文件包括资格预审公告、申请人须知、资格审查办法、资格预审申请文件格式、项目建设概况，以及根据本章第2.2款对资格预审文件的澄清和第2.3

款对资格预审文件的修改。

2.1.2 当资格预审文件、资格预审文件的澄清或修改等在同一内容的表述上不一致时，以最后发出的书面文件为准。

2.2 资格预审文件的澄清

2.2.1 申请人应仔细阅读和检查资格预审文件的全部内容。如有疑问，应在申请人须知前附表规定的时间前以书面形式(包括信函、电报、传真等可以有形表现所载内容的形式，下同)，要求招标人对资格预审文件进行澄清。

2.2.2 招标人应在申请人须知前附表规定的时间前，以书面形式将澄清内容发给所有购买资格预审文件的申请人，但不指明澄清问题的来源。

2.2.3 申请人收到澄清后，应在申请人须知前附表规定的时间内以书面形式通知招标人，确认已收到该澄清。

2.3 资格预审文件的修改

2.3.1 在申请人须知前附表规定的时间前，招标人可以书面形式通知申请人修改资格预审文件。在申请人须知前附表规定的时间后修改资格预审文件的，招标人应相应顺延申请截止时间。

2.3.2 申请人收到修改的内容后，应在申请人须知前附表规定的时间内以书面形式通知招标人，确认已收到该修改。

3. 资格预审申请文件的编制

3.1 资格预审申请文件的组成

3.1.1 资格预审申请文件应包括下列内容：

(1)资格预审申请函；

(2)法定代表人身份证明或附有法定代表人身份证明的授权委托书；

(3)联合体协议书；

(4)申请人基本情况表；

(5)近年财务状况表；

(6)近年完成的类似项目情况表；

(7)正在施工和新承接的项目情况表；

(8)近年发生的诉讼及仲裁情况；

(9)其他材料：见申请人须知前附表。

3.1.2 申请人须知前附表规定不接受联合体资格预审申请的或申请人没有组成联合体的，资格预审申请文件不包括本章第3.1.1(3)目所指的联合体协议书。

3.2 资格预审申请文件的编制要求

3.2.1 资格预审申请文件应按第四章"资格预审申请文件格式"进行编写，如有必要，可以增加附页，并作为资格预审申请文件的组成部分。申请人须知前附表规定接受联合体资格预审申请的，本章第3.2.3项至第3.2.7项规定的表格和资料应包括联合体各方相关情况。

3.2.2 法定代表人授权委托书必须由法定代表人签署。

3.2.3 "申请人基本情况表"应附申请人营业执照副本及其年检合格的证明材料、资质证书副本和安全生产许可证等材料的复印件。

3.2.4 "近年财务状况表"应附经会计师事务所或审计机构审计的财务会计报表,包括资产负债表、现金流量表、利润表和财务情况说明书的复印件,具体年份要求见申请人须知前附表。

3.2.5 "近年完成的类似项目情况表"应附中标通知书和(或)合同协议书、工程接收证书(工程竣工验收证书)的复印件,具体年份要求见申请人须知前附表。每张表格只填写一个项目,并标明序号。

3.2.6 "正在施工和新承接的项目情况表"应附中标通知书和(或)合同协议书复印件。每张表格只填写一个项目,并标明序号。

3.2.7 "近年发生的诉讼及仲裁情况"应说明相关情况,并附法院或仲裁机构作出的判决、裁决等有关法律文书复印件,具体年份要求见申请人须知前附表。

3.3 资格预审申请文件的装订、签字

3.3.1 申请人应按本章第3.1款和第3.2款的要求,编制完整的资格预审申请文件,用不褪色的材料书写或打印,并由申请人的法定代表人或其委托代理人签字或盖单位章。资格预审申请文件中的任何改动之处应加盖单位章或由申请人的法定代表人或其委托代理人签字确认。签字或盖章的具体要求见申请人须知前附表。

3.3.2 资格预审申请文件正本一份,副本份数见申请人须知前附表。正本和副本的封面上应清楚地标记"正本"或"副本"字样。当正本和副本不一致时,以正本为准。

3.3.3 资格预审申请文件正本与副本应分别装订成册,并编制目录,具体装订要求见申请人须知前附表。

4. 资格预审申请文件的递交

4.1 资格预审申请文件的密封和标识

4.1.1 资格预审申请文件的正本与副本应分开包装,加贴封条,并在封套的封口处加盖申请人单位章。

4.1.2 在资格预审申请文件的封套上应清楚地标记"正本"或"副本"字样,封套还应写明的其他内容见申请人须知前附表。

4.1.3 未按本章第4.1.1项或第4.1.2项要求密封和加写标记的资格预审申请文件,招标人不予受理。

4.2 资格预审申请文件的递交

4.2.1 申请截止时间:见申请人须知前附表。

4.2.2 申请人递交资格预审申请文件的地点:见申请人须知前附表。

4.2.3 除申请人须知前附表另有规定的外,申请人所递交的资格预审申请文件不予退还。

4.2.4 逾期送达或者未送达指定地点的资格预审申请文件,招标人不予受理。

5. 资格预审申请文件的审查

5.1 审查委员会

5.1.1 资格预审申请文件由招标人组建的审查委员会负责审查。审查委员会参照《中华人民共和国招标投标法》第三十七条规定组建。

5.1.2 审查委员会人数：见申请人须知前附表。

5.2 资格审查

审查委员会根据申请人须知前附表规定的方法和第三章"资格审查办法"中规定的审查标准，对所有已受理的资格预审申请文件进行审查。没有规定的方法和标准不得作为审查依据。

6. 通知和确认

6.1 通知

6.2 解释

6.3 确认

7. 申请人的资格改变

8. 纪律与监督

8.1 严禁贿赂

8.2 不得干扰资格审查工作

8.3 保密

8.4 投诉

9. 需要补充的其他内容

第三章 资格审查办法(合格制)

资格审查办法前附表

条款号		审查因素	审查标准
2.1	初步审查标准	申请人名称	与营业执照、资质证书、安全生产许可证一致
		申请函签字盖章	有法定代表人或其委托代理人签字或加盖单位章
		申请文件格式	符合第四章"资格预审申请文件格式"的要求
		联合体申请人	提交联合体协议书，并明确联合体牵头人(如有)
		……	……
2.2	详细审查标准	营业执照	具备有效的营业执照
		安全生产许可证	具备有效的安全生产许可证
		资质等级	符合第二章"申请人须知"第1.4.1项规定
		财务状况	符合第二章"申请人须知"第1.4.1项规定
		类似项目业绩	符合第二章"申请人须知"第1.4.1项规定
		信誉	符合第二章"申请人须知"第1.4.1项规定
		项目经理资格	符合第二章"申请人须知"第1.4.1项规定
		其他要求	符合第二章"申请人须知"第1.4.1项规定
		联合体申请人	符合第二章"申请人须知"第1.4.2项规定
		……	……

第三章 资格审查办法（有限数量制）

资格审查办法前附表

条款号		条款名称	编列内容
1		通过资格预审的人数	
2		审查因素	审查标准
2.1	初步审查标准	申请人名称	与营业执照、资质证书、安全生产许可证一致
		申请函签字盖章	有法定代表人或其委托代理人签字或加盖单位章
		申请文件格式	符合第四章"资格预审申请文件格式"的要求
		联合体申请人	提交联合体协议书，并明确联合体牵头人（如有）
		……	……
2.2	详细审查标准	营业执照	具备有效的营业执照
		安全生产许可证	具备有效的安全生产许可证
		资质等级	符合第二章"申请人须知"第1.4.1项规定
		财务状况	符合第二章"申请人须知"第1.4.1项规定
		类似项目业绩	符合第二章"申请人须知"第1.4.1项规定
		信誉	符合第二章"申请人须知"第1.4.1项规定
		项目经理资格	符合第二章"申请人须知"第1.4.1项规定
		其他要求	符合第二章"申请人须知"第1.4.1项规定
		联合体申请人	符合第二章"申请人须知"第1.4.2项规定
		……	……
2.3	评分标准	评分因素	评分标准
		财务状况	……
		类似项目业绩	……
		信誉	……
		认证体系	……
		……	……

_____(项目名称)_____标段施工招标

资格预审申请文件

申请人：_____(盖单位章)

法定代表人或其委托代理人：_____(签字)

_____年_____月_____日

目录

一、资格预审申请函

_____（招标人名称）：

1. 按照资格预审文件的要求，我方（申请人）递交的资格预审申请文件及有关资料，用于你方（招标人）审查我方参加_____（项目名称）_____标段施工招标的投标资格。

2. 我方的资格预审申请文件包含第二章"申请人须知"第3.1.1项规定的全部内容。

3. 我方接受你方的授权代表进行调查，以审核我方提交的文件和资料，并通过我方的客户，澄清资格预审申请文件中有关财务和技术方面的情况。

4. 你方授权代表可通过_____（联系人及联系方式）得到进一步的资料。

5. 我方在此声明，所递交的资格预审申请文件及有关资料内容完整、真实和准确，且不存在第二章"申请人须知"第1.4.3项规定的任何一种情形。

申请人：_____（盖单位章）

法定代表人或其委托代理人：_____（签字）

电话：_____

传真：_____

申请人地址：_____

邮政编码：_____

_____年_____月_____日

二、法定代表人身份证明

申请人名称：_____

单位性质：_____

成立时间：_____年_____月_____日

经营期限：_____

姓名：_____性别：_____年龄：_____职务：_____

系_____（申请人名称）的法定代表人。

特此证明。

申请人：_____（盖单位章）

_____年_____月_____日

三、授权委托书

本人_____（姓名）系_____（申请人名称）的法定代表人，现委托_____（姓名）为我方代理人。代理人根据授权，以我方名义签署、澄清、递交、撤回、修改_____（项目名称）_____标段施工招标资格预审申请文件，其法律后果由我方承担。

委托期限：_____。

代理人无转委托权。

附：法定代表人身份证明

申请人：_____（盖单位章）

法定代表人：_____（签字）

身份证号码：_____

委托代理人：_____（签字）

身份证号码：_____

_____年_____月_____日

四、联合体协议书

_____（所有成员单位名称）自愿组成_____（联合体名称）联合体，共同参加_____（项目名称）_____标段施工招标资格预审和投标。现就联合体投标事宜订立如下协议。

1. _____（某成员单位名称）为_____（联合体名称）牵头人。

2. 联合体牵头人合法代表联合体各成员负责本标段施工招标项目资格预审申请文件、投标文件编制和合同谈判活动，代表联合体提交和接收相关的资料、信息及指示，处理与之有关的一切事务，并负责合同实施阶段的主办、组织和协调工作。

3. 联合体将严格按照资格预审文件和招标文件的各项要求，递交资格预审申请文件和投标文件，履行合同，并对外承担连带责任。

4. 联合体各成员单位内部的职责分工如下：_____。

5. 本协议书自签署之日起生效，合同履行完毕后自动失效。

6. 本协议书一式_____份，联合体成员和招标人各执一份。

注：本协议书由委托代理人签字的，应附法定代表人签字的授权委托书。

牵头人名称：_____（盖单位章）

法定代表人或其委托代理人：_____（签字）

成员一名称：_____（盖单位章）

法定代表人或其委托代理人：_____（签字）

成员二名称：_____（盖单位章）

法定代表人或其委托代理人：_____（签字）

……

_____年_____月_____日

五、申请人基本情况表

申请人名称					
注册地址			邮政编码		
联系方式	联系人		电话		
	传真		网址		
组织结构					
法定代表人	姓名		技术职称		电话
技术负责人	姓名		技术职称		电话
成立时间		员工总人数：			
企业资质等级		其中	项目经理		
营业执照号			高级职称人员		
注册资金			中级职称人员		
开户银行			初级职称人员		
账号			技工		
经营范围					
备注					

附：项目经理简历表

项目经理应附项目经理证、身份证、职称证、学历证、养老保险复印件，管理过的项目业绩须附合同协议书复印件。

姓名		年龄		学历	
职称		职务		拟在本合同任职	
毕业学校	年毕业于		大学	专业	
主要工作经历					
时间	参加过的类似项目		担任职务	发包人及联系电话	

六、近年财务状况表

近年财务状况表指结果会计师事务所或审计机构的审计的财务会计报表，以下各类报表中反映的财务状况数据应当一致。

(1)近年资产负债表；

(2)近年损益表；

(3)近年利润表；

(4)近年现金流量表；

(5)财务状况说明书。

七、近年完成的类似项目情况表

项目名称	
项目所在地	
发包人名称	
发包人地址	
发包人电话	
合同价格	
开工日期	
竣工日期	
承担的工作	
工程质量	
项目经理	
技术负责人	
总监理工程师及电话	
项目描述	

八、正在施工的和新承接的项目情况表

项目名称	
项目所在地	
发包人名称	
发包人地址	
发包人电话	
签约合同价	
开工日期	
计划竣工日期	
承担的工作	
工程质量	
项目经理	
技术负责人	
总监理工程师及电话	
项目描述	
备注	

九、近年发生的诉讼及仲裁情况

类别	序号	发生时间	情况简介	证明材料索引
诉讼情况				
仲裁情况				

说明：1. 有效时间以提交投标文件截止时间前 36 个月为准。

2. 近年发生的诉讼和仲裁情况仅限于认定投标人有违法行为的，且与履行施工承包合同有关的案件，不包括调解结案以及未裁决的仲裁或未终审判决的诉讼。

十、其他材料

第五章 项目建设概况

一、项目说明(略)

二、建设条件(略)

三、建设要求(略)

四、其他需要说明的情况(略)

第五节 招标文件的编制

房屋建筑和市政工程
标准施工招标文件

一、招标文件的作用

招标文件的编制是招标工作中的一个重要环节，招标文件的重要性体现在以下三个方面：

(1)招标文件是投标人编制投标文件的依据。投标人应当按照招标文件的要求编制投标文件，投标文件应当对招标文件提出的实质性要求和条件作出响应。

(2)招标文件是招标人评标、定标的重要依据。

(3)招标文件是招标人与中标人订立合同的基础。招标文件中除投标须知外的绝大多数内容将构成今后合同文件的有效组成部分，因此，招标文件的编制质量事关建设工程项目施工是否能顺利实施。

二、招标文件的编制依据和原则

1. 编制依据

(1)相关法律法规。如《中华人民共和国招标投标法》《中华人民共和国建筑法》《中华人民共和国招标投标法实施条例》《建设工程安全生产管理条例》《建设工程质量管理条例》等。

(2)行业标准、技术规程。

(3)标准施工招标资格预审文件。

(4)标准施工招标文件。

2. 编制原则

招标文件的编制必须做到系统、完整、准确、明了，招标文件的编制必须遵循下列原则和要求：

(1)招标文件必须符合《中华人民共和国民法典》《中华人民共和国招标投标法》等有关法规。

(2)招标文件应准确、详细地反映项目的客观真实情况，减少签约和履约过程中的争议、招标文件涉及投标人须知、合同条件、规范、工程量表等多项内容，力求统一和规范用语。

(3)招标文件必须遵循公开、公平、公正的原则，不得以不合理的条件限制或排斥潜在投标人，不得对潜在投标人实行歧视待遇。

(4)招标文件必须遵循诚实信用的原则，招标人向投标人提供的工程情况，特别是工程项目的审批、资金来源和落实等情况，都要确保真实和可靠。

(5)招标文件介绍的工程情况和提出的要求，必须与资格预审文件的内容相一致。

(6)招标文件的内容要能清楚地反映工程的规模、性质、商务和技术要求等内容，设计图纸应与技术规范或技术要求相一致，使招标文件系统、完整、准确。

(7)招标文件规定的各项技术标准应符合国家强制性标准。

(8)招标文件不得要求或标明特定的专利、商标、名称、设计、原产地或建筑材料、构配件等生产供应者，以及含有倾向或排斥投标申请人的其他内容。如果必须引用某一生产供应者的技术标准才能准确或清楚地说明拟招标项目的技术标准时，则应当在参照后面加上"或相当于"的字样。

(9)招标人应当在招标文件中规定实质性要求和条件，并用醒目的方式标明。

三、建设工程招标文件的主要内容

招标人根据施工招标项目的特点和需要编制招标文件。招标文件一般包括下列内容：

(1)投标邀请书；

(2)投标人须知；

(3)合同主要条款；

(4)投标文件格式；

(5)采用工程量清单招标的，应当提供工程量清单；

(6)技术条款；

(7)设计图纸；

(8)评标标准和方法；

(9)投标辅助材料。

四、建设工程招标文件编制的注意事项

1. 招标文件应体现工程建设项目的特点和要求

招标文件牵涉到的专业内容比较广泛，具有明显的多样性和差异性，编写一套适用于具体工程建设项目的招标文件，需要具有较强的专业知识和一定的实践经验，还要准确把握项目专业特点。

编制招标文件时必须认真阅读研究有关设计与技术文件，了解招标项目的特点和需求，包括项目概况、性质、审批或核准情况、标段划分计划、资格审查方式、评标方式、承包模式、合同类型、进度要求等，并充分反映在招标文件中。招标文件应该内容完整，格式规范，按规定使用标准招标文件。

2. 招标文件必须明确投标人实质性响应的内容

投标人必须完全按照招标文件的要求编写投标文件，如果投标人没有对招标文件的实质性要求和条件作出响应，或者响应不完全，都可能导致投标人投标失败。所以，招标文件中需要投标人作出实质性相应的所有内容，如招标范围、工期、投标有效期、质量要求、技术标准和要求等应具体、清晰、无争议，且宜以醒目的方式提示，避免使用原则性的、模糊的或容易引起歧义的词句。

3. 严防招标文件中出现违法、歧视性条款

编制招标文件必须熟悉和遵守招投标的法律法规，并及时掌握最新规定和有关技术标准，坚持公平、公正、遵纪守法的要求。严格防范招标文件中出现违法、歧视、倾向条款限制、排斥或保护潜在投标人，并要公平合理划分招标人和投标人的风险责任。只有招标文件客观与公正才能保证整个招投标活动的客观与公正。

4. 保证招标文件格式、合同条款的规范一致

编制招标文件应保证格式文件、合同条款规范一致，从而保证招标文件逻辑清晰、表达准确，避免产生歧义和争议。

招标文件合同条款部分采用通用合同条款和专用合同条款形式编写的，正确的合同条款编写方式为："通用合同条款"应全文引用，不得删改；"专用合同条款"则应按其条款编号和内容，根据工程实际情况进行修改和补充。

5. 招标文件语言要规范、简练

编制、审核招标文件应一丝不苟、认真细致。招标文件语言文字要规范、严谨、准确、精练、通顺，要认真推敲，避免使用含义模糊或容易产生歧义的词语。

招标文件的商务部分与技术部分一般由不同人员编写，应注意两者之间及各专业之间的相互结合与一致性，应交叉校核，检查各部分是否有不协调、重复和矛盾的内容，确保招标文件的质量。

第六节　招标控制价的编制

一、招标控制价的编制依据和原则

1. 招标控制价的概念

招标控制价是指招标人根据国家或省级、行业建设主管部门颁发的有关计价依据和办法，按设计施工图纸计算的对招标工程限定的最高工程造价。

招标控制价作为一项工程的最高投标限价，不仅是投标人参照的最高投标价格，也是招标人控制工程成本的前提。有的地方也称为拦标价、预算控制价或最高报价等。

2. 招标控制价的编制依据

(1)《建设工程工程量清单计价规范》(GB 50500—2013)；

(2)国家或省级、行业建设主管部门颁发的计价定额和计价方法；

(3)建设工程设计文件及相关资料；

(4)拟定的招标文件和招标工程量清单；

(5)与建设工程相关的标准、规范、技术资料；

(6)施工现场情况、工程特点及常规施工方案；

(7)工程造价管理机构发布的工程造价信息；工程造价信息没有发布的，参照市场价；

(8)其他相关资料。

3. 招标控制价的计价特点

编制招标控制价时，既要遵守计价规定，还应体现招标控制价的计价特点。

(1)使用的计价标准、计价政策应符合国家或省级、行业建设主管部门颁布的计价定额和相关政策规定。

(2)采用的材料价格应该是工程造价管理部门通过造价信息发布的材料单价，如果工程造价信息未发布材料单价的材料，其材料价格应通过市场调查确定。

(3)国家或省级、行业建设主管部门对工程造价计价中的费用或费用标准有政策规定的，应按政策规定执行。费用或费用标准的政策规定有幅度的，应按幅度的上限执行。

4. 招标控制价的编制原则

招标控制价应当参考国家、省级、行业建设主管部门制定的工程造价计价办法和计价依据以及其他有关规定，根据市场价格信息，由招标单位或委托具有相应资质的工程造价咨询机构进行编制。招标控制价编制人员应该严格按照国家的有关政策规定，科学公正地编制招标控制价，必须以严肃认真的态度和科学的方法进行编制，应当实事求是，综合考虑和体现招标人和投标人的利益。

编制招标控制价应遵循以下原则：

(1)分部分项工程费的计价原则。

①采用的工程量应当是依据分部分项工程量清单中提供的工程量。

②综合单价的组成内容应是完成一个规定计量单位的分部分项工程量清单项目所需的人工费、材料费、施工机械使用费和企业管理费与利润，以及招标文件确定范围内的风险因素费用。

③招标人对建筑材料提供暂估单价的，应当按暂定的单价计入综合单价。

（2）措施项目费的计价原则。

①依据招标文件中措施项目清单所列内容。

②凡可精确计量的措施清单项目应当采用综合单价方式计价，其余的措施清单项目采用以"项"为计量单位的方式计价。

③国家或省住房城乡建设主管部门颁发的计价定额及相关规定和工程造价管理机构发布的工程造价信息或市场价格。

④安全文明施工费必须按国家或省级、行业主管部门的规定计算，不得作为竞争性费用。

（3）其他项目费中各项费用的计价原则。

①暂列金额。暂列金额由招标人根据工程复杂程度、设计深度、工程环境条件等特点估算，一般情况下不大于分部分项工程费的10%。

②暂估价，暂估价中的材料单价按照建设工程造价管理机构发布的工程造价信息或参考市场价格确定。暂估价中的专业工程暂估价应分不同专业，按有关计价规定估算。

③计日工。招标人应根据工程特点，按照列出的计日工项目和有关计价依据，填写用于计日工计价的人工、材料、机械台班单价并计算计日工费用。

④总承包服务费。招标人应当根据招标文件中列出的内容和向总承包人提出的要求计算总承包费。总承包费可参照下列标准计算：招标人仅要求对分包的专业工程进行总承包管理和协调时，按分包的专业工程估算造价的1.5%计算；招标人要求对分包的专业工程进行总承包管理和协调并同时要求提供配合服务时，根据招标文件中列出的配合服务内容和提出的要求按分包的专业工程估算造价的3%～5%计算。

（4）规费和税金应当按照国家或省住房城乡建设主管部门的有关规定计算。

（5）招标控制价应当在招标文件中如实公布，不得上调或下浮。公布招标控制价除公布总价外，还须公布控制价组成分项的内容。

招标人应将招标控制价及有关资料报工程所在地工程造价管理机构备查。

二、招标控制价的编制办法

招标控制价的编制思路：基于工程量清单，利用计价规范，收集有关资料，了解现场情况及市场行情，依次计算分部分项工程费、措施项目费等，并汇总形成招标控制价，如图2-1所示。

三、招标控制价编制的注意事项

1. 严格依据有关规定编制招标控制价

客观、合理、合法的招标控制价编制是工程招标公平、公正的前提。招标控制价不仅

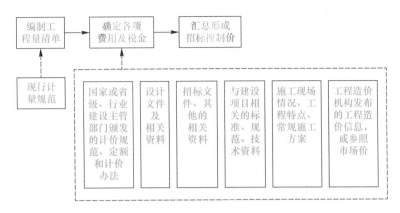

图 2-1　招标控制价的编制流程

要依据招标文件和发布的工程量清单编制，还要全面、正确地使用行业和地方的计价定额与价格信息，准确计算不可竞争的税费。对于竞争性措施费用，不仅要采用竞争性费用，还要采用经过专家论证的方案合理确定。

2. 一个招标工程只能设立一个招标控制价

一个建设项目由一个或多个单项工程组成，一个单项工程由一个或多个单位工程组成。如一个单项工程通常包括建筑装饰装修工程、给水排水工程、电气工程、消防工程、通风空调工程、智能化工程等单位工程。在编制招标控制价时，为了减少篇幅，建议如无特殊情况，不需按照每个单位工程各自设置一套工程量清单，可以根据需要将某栋楼的给水排水、电气、通风空调、消防等单位工程合并成一个单位工程，再与建筑装饰单位工程合并成一个单项工程编制一套招标控制价。

3. 封面签字不得遗漏

招标控制价封面需按要求签字、盖章，不得有任何遗漏。其中，工程造价咨询机构需盖单位资质专用章；编制人和复核人需要同时签字与盖章，且编制人和复核人不能为同一人，复核人必须是造价工程师。当一套招标控制价涉及多个专业的造价人员编制时，每个专业都要有一名编制人在封面相应处签字盖章。

4. 编制说明内容应尽可能地详尽

编制说明内容应包括工程概况、招标和分包范围、具体的计价依据及其他有关问题说明。装饰工程及安装工程部分材料价格品牌差异大，因此，对于这两个专业的材料总说明应分别写明各种主要材料的品牌、档次，未注明的则按普通档次产品定价。

5. 招标控制价应当反映市场价格水平

招标控制价的编制单位和编制人员不得在编制过程中故意抬高、压低价格或提供虚假的造价控制报告，应当客观反映编制期间的市场价格水平。

四、招标控制价的投诉与处理

投标人对招标控制价进行复核后，认为招标人公布的招标控制价未按照《建设工程工程量清单计价规范》(GB 50500—2013)的规定进行编制的，应当在招标控制价公布后 5 天内向招投标监督机构和工程造价管理机构投诉。

投诉人投诉时，投诉书应当采用书面形式，投诉书应当包括以下内容：

(1)投诉人与被投诉人的名称、地址及有效联系方式。

(2)投诉的招标工程名称、具体事项及理由。

(3)相关请求和主张及证明材料。

投诉书必须由单位盖章和法定代表人或其委托人的签名或盖章。投诉人对投诉的真实性负责，不得以投诉为名诋毁其他当事人。投诉人不得进行虚假、恶意投诉，阻碍投标活动的正常进行。

工程造价管理机构在接到投诉书后应在两个工作日内进行审查，对有下列情况之一的，不予受理：

(1)投诉人不是所投诉招标工程的投标人。

(2)投诉书提交的时间不符合规定的。

(3)投诉书不符合规定的。

工程造价管理机构决定受理投诉后，应在不迟于次日将受理情况书面通知投诉人、被投诉人及负责该工程招投标监督的招投标管理机构。

工程造价管理机构受理投诉后，应立即对招标控制价进行复查，组织投诉人、被投诉人或其委托的招标控制价编制人等单位人员对投诉问题逐一核对。有关当事人应当予以配合，并保证所提供资料的真实性。

工程造价管理机构应当在受理投诉的10天内完成复查(特殊情况下可适当延长)，并作出书面结论通知投诉人、被投诉人及负责该工程招投标监督的招投标管理机构。

当招标控制价复查结论与原公布的招标控制价误差>±3%的，应当责成招标人改正。

招标人根据招标控制价复查结论，需要修改公布的招标控制价的，且最终招标控制价的发布时间至投标截止时间不足15天的，应当延长提交投标文件的截止时间。

案例分析

【背景资料】

某火力发电厂工程，业主依法进行了公开招标，并委托某项目管理公司代为招标，在该工程招标过程中，相继发生了以下事件：

事件一：招标公告发布后，有12家建筑施工企业参加了资格预审名。项目管理公司经过对这12家公司进行资格审查，确定A、B、C、D、E、F、G共7家单位为投标人。但业主认为B公司拟采用的锅炉本体不是由本地企业生产的，指示项目管理公司不得向B公司发售招标文件。

事件二：在现场踏勘中，C公司的技术人员对现场进行了补充勘察，并当场向项目管理公司工作人员指出招标文件中地质资料有误，项目管理公司工作人员则口头答复："如果招标文件中的地质资料确属错误，可按照贵公司勘察数据编制投标文件。"

事件三：投标人D在编制投标书时，认为招标文件要求的合同过于苛刻，如按此报价，导致报价过高，于是按照其认为较合理的工期进行了编制标价，并于投标截止日期前2日将投标书报送招标人。1日后，D公司又提交了一份降价补充文件，但招标人的工作人员以"一标一投"为由拒绝接收该减价补充文件。

事件四：开标时，由于交通堵塞，有关领导不能准时到会，招标人临时决定将开标会议推迟至提交投标文件截止时间后1小时举行，开标会议由市发改委主任亲自主持。

问题：

1. 在事件一中，业主的做法是否妥当？为什么？

2. 在事件二中，有关人员的做法是否妥当？为什么？

3. 在事件三中，是否存在不妥之处？请一一指出，并说明理由。

4. 在事件四中，招标人的做法是否妥当？为什么？

【答案及解析】

1. 在事件一中，业主做法不妥。业主不得以任何理由排斥外地区、外部门的投标人的竞争，否则违反公平原则。

2. 在事件二中，C公司技术人员口头提问不妥，投标人对招标文件有异议，应当以书面形式提出；项目管理公司人员当场答复也不妥，招标人应当将各个投标人的书面质疑，统一回答，并形成书面答疑文件，寄送给所有得到招标文件的投标人。

3. 在事件三中，投标人D不按招标文件要求的合同工期报价的做法不妥，投标人应对招标文件作出实质性响应；招标人工作人员拒绝投标人的补充文件不妥，投标人在提交投标文件截止时间前可以修改其投标文件。

4. 在事件四中，招标人临时推迟开标时间不妥；应当按照招标文件规定的时间准时召开开标会议；开标会议由市发改委主任主持不妥，应当由招标人主持开标会议。

复习思考题

一、选择题

1.【单选题】下列工程中，不属于必须招标的工程建设项目范围的是（　　）。

    A. 某使用国有资金投融资100万元人民币以上，并且该资金占投资额5%以上的项目

    B. 某市使用世界银行贷款的基础设施项目

    C. 某省拟建的西电东送能源设施项目

    D. 某直辖市拟建的城市轨道交通项目

2.【单选题】关于招标信息发布与修正的说法，下列正确的是（　　）。

    A. 招标人或其委托的招标代理机构只能在一家指定的媒介发布招标公告

    B. 招标人在发布招标公告或发出招标邀请书后，不得擅自终止招标

    C. 自招标文件出售之日起至停止出售之日止，最短不得少于3个月

    D. 招标人对已发出的招标文件进行修改，应该在招标文件要求提交投标文件截止时间至少5天前发出

3.【单选题】抗洪抢险工程应采用（　　　）方式选择实施单位。

    A. 公开招标　　　　　　　　　　　B. 邀请招标

    C. 议标　　　　　　　　　　　　　D. 直接委托

4.【单选题】公开招标和邀请招标在招标程序上的差异为（　　　）。

    A. 是否进行资格预审　　　　　　　B. 是否组织现场考察

    C. 是否解答投标单位的质疑　　　　D. 是否公开开标

5.【多选题】关于建设工程招投标的说法，下列错误的是（　　　）。

    A. 应遵循公开、公平、公正和诚实信用的原则

    B. 招标人不得邀请招标特定的投标人

    C. 公开招标的项目应该发布招标公告

    D. 招标文件中应载明投标有效期

    E. 分期分批组织部分投标人踏勘现场

6.【多选题】根据《必须招标的工程项目规定》，属于必须进行招标范围的项目是（　　　）。

    A. 使用国有企业资金，并且该资金占控股或主导地位的项目

    B. 使用上市公司资金的项目

    C. 使用汇丰银行、花旗银行贷款资金的项目

    D. 使用外国政府及其机构贷款援助资金的项目

    E. 使用财政预算资金 200 万元以上，并且该资金占投资额 10% 以上的项目

二、简答题

1. 依法必须招标的工程建设项目，应当具备哪些条件才能进行施工招标？

2. 简述施工招标的程序。

3. 简述招标控制价的概念和作用。

4. 必须招标的工程有哪些？

5. 简述建筑工程项目施工招标程序。

6. 什么是公开招标？什么是邀请招标？

7. 什么是招标文件？招标文件的主要内容是什么？

第三章

建设工程投标

××省招标投标领域违法违规典型案例（节选）

一、何某杰、张某生、李某云借用中贤建设集团等 50 多家建筑企业资质串通投标案

2021 年 4 月，经上饶市公安局立案侦查，何某杰作为江西纪元工程管理顾问公司上饶分公司的实际控制人，利用该公司作为上饶市老年活动中心项目招标代理机构的便利，伙同张某生、李某云借用中贤建设集团等 50 多家建筑企业资质参与投标，并在开标前向每家企业支付 4 万～5 万元费用，最终中贤建设集团中标，涉及项目金额 7 601.978 1 万元，由何某杰具体负责项目施工。

处理结果：2021 年 11 月，上饶市信州区人民法院依法判决何某杰、张某生、李某云犯串通投标罪，分别判处拘役 5 个月、有期徒刑 6 个月、有期徒刑 8 个月，并各处罚金人民币 10 万元、10 万元、15 万元。

二、福建泉宏工程管理有限公司、赣建云工程管理有限公司串通投标案

2021 年 12 月，福建泉宏工程管理有限公司、赣建云工程管理有限公司在参与青峰药谷标准厂房及配套设施建设项目—J5 地块土石方平整工程监理项目投标时，两家企业投标文件机器码雷同，涉及项目金额 18.5 万元。经查，福建泉宏工程管理有限公司和赣建云工程管理有限公司存在串通投标行为。

处理结果：2022 年 3 月，赣州市章贡区城市管理局依法对福建泉宏工程管理有限公司处以人民币 1 295 元的罚款，对赣建云工程管理有限公司处以人民币 925 元的罚款。

三、萍乡市安瑞建设有限公司将承接的 76 个工程违法转包分包案

2018 年 1 月至 2020 年 6 月底，萍乡市安瑞建设有限公司通过与其他施工企业、个人签订内部项目经济责任合同（协议）的方式，将其承包的 76 个工程项目（其中 14 个为必须招标项目）违法转包分包给其他施工企业或个人施工，并按合同金额 12%、15% 和 20% 不等的比例收取项目管理费共 383.47 万元，共涉及项目金额 32 298.9 万元。

处理结果：2021 年 4 月，萍乡市安源区住房和城乡建设局依法对萍乡市安瑞建设有限公司处以人民币 258.391 2 万元罚款，并没收违法收取的管理费 383.47 万元上缴财政。

⚙ **案例分析**

在案例一中，存在的违法违规问题是招标代理机构伙同他人借用 50 多家企业资质实施串通投标。根据《中华人民共和国招标投标法》第十五条的规定："招标代理机构应当在招标人委托的范围内办理招标事宜，并遵守本法关于招标人的规定。"《中华人民共和国刑法》第二百二十三条规定了串通投标罪："投标人相互串通投标报价，损害招标人或者其他投标人利益，情节严重的，处三年以下有期徒刑或者拘役，并处或者单处罚金。投标人与招标人串通投标，损害国家、集体、公民的合法利益的，依照前款的规定处罚。"

在案例二中，存在的违法违规问题是两家公司实施串通投标。根据《中华人民共和国招标投标法》第五十三条的规定："投标人相互串通投标或者与招标人串通投标的，投标人以向招标人或者评标委员会成员行贿的手段谋取中标的，中标无效，处中标项目金额千分之五以上千分之十以下的罚款，对单位直接负责的主管人员和其他直接责任人员处单位罚款数额百分之五以上百分之十以下的罚款；有违法所得的，并处没收违法所得；情节严重的，取消其一年至二年内参加依法必须进行招标的项目的投标资格并予以公告，直至由工商行政管理机关吊销营业执照；构成犯罪的，依法追究刑事责任。给他人造成损失的，依法承担赔偿责任。"

在案例三中，存在的违法违规问题是中标人将中标项目进行非法转包和违法分包。根据《中华人民共和国招标投标法》第五十八条的规定："中标人将中标项目转让给他人的，将中标项目肢解后分别转让给他人的，违反本法规定将中标项目的部分主体、关键性工作分包给他人的，或者分包人再次分包的，转让、分包无效，处转让、分包项目金额千分之五以上千分之十以下的罚款；有违法所得的，并处没收违法所得；可以责令停业整顿；情节严重的，由工商行政管理机关吊销营业执照。"

第一节　建设工程投标概述

一、建设工程投标的相关概念

1. 投标人的概念

根据《中华人民共和国招标投标法》第二十五条的规定，投标人是响应招标、参加投标

竞争的法人或其他组织。投标人应当按照招标文件的要求编制投标文件。投标文件应当对招标文件提出的实质性要求和条件作出响应。

2. 投标的概念

投标是与招标相对应的概念，是指投标人按照招标文件的要求和条件，在规定的时间内向招标人递交标书，参与投标竞争，争取中标的行为。

二、联合体投标

联合体投标是指两个以上法人或者其他组织组成一个联合体，以一个投标人的身份共同投标。联合体各方均应当具备承担招标项目的相应能力；国家有关规定或者招标文件对投标人资格条件有规定的，联合体各方均应当具备规定的相应资格条件。由同一专业的单位组成的联合体，按照资质等级较低的单位确定资质等级。

联合体各方应当签订共同投标协议，明确约定各方拟承担的工作和责任，并将共同投标协议连同投标文件一并提交招标人。联合体中标的，联合体各方应当共同与招标人签订合同，就中标项目向招标人承担连带责任。

招标人不得强制投标人组成联合体共同投标，不得限制投标人之间的竞争。

需要注意的是，根据《中华人民共和国招标投标法实施条例》的规定，招标人有权利选择是否接受联合体投标。招标人应将是否接受联合体投标在资格预审公告、招标公告或投标邀请书中作出明确规定。招标人可以在招标文件中明确规定不接受联合体投标，如果招标文件规定不接受联合体投标的，投标主体组成联合体投标时，招标人有权拒绝其投标；如果招标文件没有规定不接受联合体投标的，则招标人不能拒绝接受联合体投标。

因此，不接受联合体投标是招标人的权利，但必须要在招标文件里作明确说明，没有说明的视为放弃权利，投标人可以组成联合体投标。

联合体投标针对不同的招标项目有利有弊。一般来说，针对技术特别复杂的大型招标项目，接受联合体投标能够吸引更多的联合体投标人参与投标，有利于增强投标竞争力、保证中标人的履约能力，联合体成员取长补短达到强强联合的效果。弊端在于联合体中标人内部由多家主体组成，虽然依法向招标人承担连带责任，但其内部势必存在权利义务分配问题，如果协调不好也影响招标项目的实施。

【思考题】 在施工招标中，关于联合体共同承包的说法，正确的是(   )。

A. 联合体中标的，联合体各方就中标项目向招标人承担连带责任

B. 组成联合体的各方还可以自己的名义单独投标

C. 两个以上同一专业不同资质等级的单位实行联合体共同承包的，应当按照资质等级高的单位的业务许可范围承揽工程

D. 联合体中标的，联合体各方应分别与招标人签订合同

【正确答案】 A

【答案解析】 本题考查的是联合体投标的规定。选项 B 错误，联合体的成员不能再以自己的名义单独投标。选项 C 错误，同一专业不同资质等级按照等级较低的确定资质等级；而不同专业的两个单位按照各自实际相应的资质等级确定承揽范围。选项 D 错误，联合体

各方应当共同与招标人签订合同。

三、建设工程投标的程序和内容

投标的工作程序应与招标的工作程序相配合、相适应，程序如下。

1. 投标的前期工作

(1)收集投标信息。在建筑市场激烈的竞争活动中，掌握信息是投标成功的关键。投标过程中每一环节工作都离不开信息，投标信息是投标决策和执行投标决策的主要依据，是合理制定投标报价的重要手段和工具，投标信息主要来自以下两个方面。

①外部投标信息主要包括招标文件、各种定额、技术标准和规范、投标环境、设备和材料价格等信息。

②内部投标信息包括以往承包工程的施工方案、进度计划、各项技术经济指标完成情况、采用的新技术和效果、施工队伍素质、合同履行情况等。

对投标信息的要求可归纳为及时、准确和全面。也就是说信息传递的速度要及时，信息数据要准确可靠，信息内容要全面。

(2)建立投标工作机构进行工程投标，需要有专门的机构和人员对投标的全部活动过程加以组织和管理。参加投标工作的人员应有较高的技术业务素质，具备一定的法律知识和实际工作经验，掌握一套科学的研究方法和手段，才能保证投标工作高质量、高效率地进行。

(3)选择投标工程。施工企业通过投标获得项目，是市场经济条件下的必然，但作为建设工程施工企业，并不是每标必投，面临各种投标机会，必须作出是否参与投标的决策。首先要考虑的是业主的资信，也就是经济背景和支付能力及信誉；其次要考虑工程规模、技术复杂程度、工期要求、场地交通运输和水电通信及当地自然气候等条件。如果这些外部条件是基本上可取的，则应针对工程的具体情况考虑企业自身在资金、管理和技术力量、机械设备、同类工程施工经验等方面是否具备相应的条件和能力，一般即可作出是否参与投标的初步判断。

2. 申请投标和递交资格预审书

凡有意参与资格预审的申请人，可通过指定的地点和方式获取资格预审文件，在递交资格预审申请文件截止时间之前完成并递交资格预审申请文件。

3. 购买招标文件

通过了资格预审，就表明已获得参加工程项目投标的资格，应按招标单位规定的日期和地点购买招标文件。

4. 研究招标文件

招标文件是投标单位进行投标报价的主要依据，因此，应该组织得力的设计、施工、估价人员对招标文件仔细地分析研究。重点应放在投标者须知、合同条件、设计图纸、工程范围及工程量表等，深刻而正确地理解招标文件和业主的意图。对模糊不清或把握不准之处，应做好记录，在答疑会上提出疑问和异议。总之，在全面研究了招标文件，对工程本身和招标单位的要求有了基本的了解之后，投标单位才便于制订自己的投标工作计划，以争取中标为目标，有秩序地开展工作。

5. 调查投标环境

投标环境是指招标工程项目施工的自然、经济和社会条件。这些条件都是工程施工的制约因素，必然影响工程成本和工期，投标报价时必须考虑，所以，应在报价之前尽可能地了解清楚，调查的重点如下：

(1)施工现场条件。可通过踏勘现场及研究招标人提供的工程地质勘察报告来了解。主要项目有场地的地理位置，地上、地下有无障碍物，地基土质及其承载力，地下水水位，进入场地的通道(铁路、水路、公路)，给水排水、供电和通信设施，材料堆放场地的最大可能容量，是否需要二次搬运，现场混凝土搅拌站及构件预制场地，临时设施设置场地，土方临时堆放场地及弃土运距等。

(2)自然条件。主要是影响施工的天气、气候等因素。

(3)材料、施工机械供应条件。包括砂、石等大宗材料的采购和运输，须在市场采购的钢材、木材、水泥和玻璃等材料的可能供应渠道及价格，当地供应构配件的能力和价格，当地租赁机械设备的可能性和价格等。

(4)专业分包的能力和分包条件。

(5)生活必需品的供应情况等。

6. 制定项目管理规划

项目管理规划是工程投标报价的重要依据，项目管理实施规划是指在开工之前由项目经理主持编制的、旨在指导工程项目施工阶段项目管理工作的文件。项目管理规划大纲是指由企业管理层在投标之前编制的、旨在作为投标依据、满足招标文件要求及签订合同要求的文件。其应包括下列内容：项目概况，项目实施条件分析，项目投标活动及签订施工合同的策略，项目管理目标，项目组织结构，质量目标和施工方案，工期目标和施工总进度计划，成本目标，项目风险预测和安全目标，项目现场管理和施工平面图，投标和签订施工合同，文明施工及环境保护。

根据相关文件规定，当承包商以编制施工组织设计代替项目管理规划时，施工组织设计应满足项目管理规划的要求。

7. 确定投标报价

投标报价是决定施工企业投标成败的关键。什么样的报价才具有竞争力？实践表明，报价太高，无疑会失去竞争力而落标；报价太低也未必能中标，即使中标，也潜伏着亏损的风险。只有报价适当才是中标的基础。投标人应根据招标文件要求编制投标文件和计算投标报价，应注重细节，并仔细核对，以保证投标报价的准确无误。

8. 编制投标文件

投标文件应按招标文件规定的要求进行编制，并且应对招标文件提出的实质性要求和条件作出响应。一般不能带有任何附加条件，否则可能导致其投标作废。

9. 提交投标文件与参加开标

在规定的期限内，按要求提交投标文件，并在规定的时间、地点参加开标。如果投标中标，接到中标通知后，在规定的时间内积极和招标人洽谈有关合同条款；未中标，则应积极总结经验。

第二节　建设工程投标报价的编制

一、投标报价概述

投标人应当根据自身具体经营状况、技术装备水平、管理水平和市场价格信息，结合工程的实际情况、合同价款方式、风险范围及幅度，自主确定人工单价、材料单价、机械单价、管理费、利润和约定的风险费用，并按规定计取规费和安全生产、文明施工费，提出报价。管理费、利润的计算方法应符合住房城乡建设主管部门的规定。

除计价规范强制性规定外，投标人应依据招标文件及其招标工程量清单自主确定报价成本。投标报价不得低于工程成本。

投标人应按招标工程量清单填报价格。项目编码、项目名称、项目特征、计量单位、工程量必须与招标工程量清单一致。

投标人可根据工程实际情况结合施工组织设计，对招标人所列的措施项目进行增补。投标报价必须按要求签字、盖章。

二、投标报价的组成及确定方法

1. 投标报价的组成

工程投标报价主要是由投标总价、投标单价及投标单价分析组成。如果采用工程量清单招标，则投标总价由分部分项工程费、措施项目费、其他项目费、规费和税金组成。无论是哪种报价，投标总价都是由人工费、材料费、施工机具使用费、企业管理费、利润和税金组成。

2. 投标报价的确定方法

(1)按编制工程概预算的方法。采用此方法确定投标价的报价费用组成与工程概预算的费用构成基本一致。

(2)按工程量清单报价编制投标价的方法。按工程量清单报价首先应按《建设工程工程量清单计价规范》(GB 50500—2013)结合图纸资料等复核招标人提供的工程量清单，然后确定分部分项工程综合单价，计算合价和税金，形成投标总价。

按工程量清单报价应编制的主要表格有分部分项工程量清单计价表、措施项目清单计价表、其他项目清单计价表、零星工作费表、措施项目费分析表、分部分项工程量清单综合单价分析表、单位工程费汇总表。工程量清单报价法应用的关键是工程量清单复核、企业定额。

(3)按总值浮动率编制投标报价的方法。对工程图纸不全、无法编制标底或急于开工的工程，可明确采用的定额、计费标准，假设标底价，在考虑工程动态因素和企业经营状况及承受能力的情况下，投标人以浮动率作为投标价。中标人投标报价浮动率的计算公式如下：

$$中标人投标报价浮动率＝(1－不含安全文明施工费的中标价/不含安全文明$$
$$工费的招标控制价)×100\%$$

三、投标报价的编制程序

要做好投标报价工作，需充分了解招标文件的全部含义，准确、合理地运用投标报价方法。应对招标文件有一个系统而完整的理解，从合同条款到技术规范、工程设计图纸，从工程量清单到具体投标书和报价单的要求，都要严肃认真对待。具体的编制程序一般如下：

（1）熟悉招标文件，对工程项目及现场进行调查与现场踏勘。

（2）结合工程项目的特点、竞争对手的实力和本企业的自身状况、经验、习惯，制定相应的投标策略。

（3）根据招标文件中提供的施工图纸，认真仔细核算招标项目实际工程量，如果与招标清单有重大差别，应及时提出书面疑义，要求招标人做出相应的书面澄清。如果招标人未做出澄清，投标人则需要按照原招标清单编制报价，不得篡改。

（4）根据图纸、招标文件技术要求以及企业自身资源情况编制标前施工组织设计。

（5）依据企业定额，计算人材机的消耗量。

（6）考虑工程所在地承包市场的行情，以及人工、机械及材料供应价格，计算直接成本。

（7）依据施工组织设计、公司实际情况、项目的风险，确定管理费和利润的最低费率，计算管理费和利润。

（8）依据直接成本、管理费和利润，计算投标基础报价。

（9）依据项目所在地的竞争水平、竞争对手的实力，对基础报价进行调整，提出多个备选投标报价方案，并进行中标概率分析、财务分析。

（10）由公司管理决策层确定投标方案。

（11）依据投标方案，编制符合招标文件格式要求的投标报价文件，进行投标。

四、投标报价的编制原则

报价是投标的关键性工作，报价是否合理不仅直接关系到投标的成败，还关系到中标后企业的盈亏。投标报价的编制应遵循如下原则：

（1）投标报价由投标人自主确定，但必须执行《建设工程工程量清单计价规范》(GB 50500—2013)及《建设工程工程量清单编制与计价规程》的强制性规定。

（2）投标人的投标报价不得低于工程成本。《中华人民共和国招标投标法实施条例》第五十一条第五款明确规定，投标报价低于成本时评标委员会应当否决其投标。

（3）投标人必须按招标工程量清单填报价格。投标报价要以招标文件中设定的承发包双方责任划分，作为设定投标报价费用项目和费用计算的基础。发承包双方的责任划分不同，会导致合同风险不同的分摊，从而导致投标人选择不同的报价；根据工程发承包模式考虑投标报价的费用内容和计算深度。

（4）应该以施工方案、技术措施等作为投标报价计算的基本条件；以反映企业技术和管理水平的企业定额作为计算人工、材料和机械台班消耗量的基本依据；充分利用现场考察、调研成果、市场价格信息和行情资料。

（5）结合项目特点、市场竞争情况和企业中标紧迫程度等综合报价。

（6）投标人在投标报价中填写的工程量清单的项目编码、项目名称、项目特征描述、计量单位、工程数量必须与招标人招标文件中提供的一致。报价计算方法要科学严谨，简明适用。

五、投标报价编制的注意事项

1. 分部分项工程量清单计价

（1）复核分部分项工程量清单的工程量和项目是否准确。

（2）研究分部分项工程量清单中的项目特征描述。只有充分了解了该项目的组成特征，才能够准确地进行综合单价的确定。综合单价中应考虑招标文件中要求投标人承担的风险费用。招标工程量清单中提供了暂估单价的材料和工程设备，按暂估的单价计入综合单价。

（3）依据定额子目或根据实际费用估算，进行清单综合单价的计算。

（4）进行工程量清单综合单价的调整。根据投标策略进行综合单价的适当调整。综合单价调整时，过度降低综合单价可能会加大承包人亏损的风险；过度提高综合单价可能会失去中标的机会。

（5）编制分部分项工程量清单计价表。将调整后的综合单价填入分部分项工程量清单计价表，计算各个项目的合价和合计。

在编制分部分项工程量清单计价表时，项目编码、项目名称、项目特征描述、计量单位、工程数量必须与招标文件中的分部分项工程量清单的内容完全一致。调整后的综合单价必须与分部分项工程量清单综合单价分析表中的综合单价完全一致。

2. 措施项目工程量清单计价

措施项目费应根据招标文件中的措施项目清单及投标时拟订的施工组织设计或施工方案规范的规定自主确定。

鉴于清单编制人提出的措施项目工程量清单是根据一般情况确定的，投标人可以在报价时根据企业的实际情况增减措施费项目内容报价。承包人在措施项目工程量清单计价时，根据编制的施工方案或施工组织设计，对措施项目工程量清单中认为不发生的，其费用可以填写为零；对实际需要发生而工程量清单项目中没有的，可以自行填写增加并报价。措施项目工程量清单计价表以"项"为单位，填写相应的所需金额。每一个措施项目的费用计算应按招标文件的规定，相应采用综合单价或按每一项措施项目报总价。

需要注意的是，对措施项目中的安全文明施工费，应按照《建设工程工程量清单计价规范》(GB 50500—2013)的要求，依据国家或省级、行业建设主管部门规定的标准计取，不参与竞争。

3. 其他项目工程量清单计价

(1)暂列金额应按招标工程量清单中列出的金额填写。

(2)材料、工程设备暂估价应按招标工程量清单中列出的单价计入综合单价。

(3)专业工程暂估价应按招标工程量清单中列出的金额填写。

(4)计日工应按招标工程量清单中列出的项目和数量,自主确定综合单价并计算计日工总额。

(5)总承包服务费应根据招标工程量清单中列出的内容和提出的要求自主确定。

4. 规费和税金

规费和税金应按国家和省级、行业有关建设主管部门的规定计算,不得作为竞争性费用。

5. 其他事项

(1)工程量清单与计价表中的每一个项目均应填入综合单价和合价,且只允许有一个报价。已标价的工程量清单中投标人没有填入综合单价和合价时,其费用视为已包含(分摊)在已标价的其他工程量清单项目的单价和合价中。

(2)投标总价应当与分部分项工程费、措施项目费、其他项目费和规费、增值税的合计金额一致,即投标人在进行工程量清单投标报价时,不能进行投标总价优惠(或降价、让利),投标人对投标报价的任何优惠(或降价、让利)均应反映在相应清单项目的综合单价中。

【思考题】 根据《建设工程工程量清单计价规范》(GB 50500—2013),下列关于投标人投标报价的说法,正确的是(　　)。

A. 投标人可以进行适当的总价优惠

B. 投标人的总价优惠不需要反映在综合单价中

C. 规费和税金不得作为竞争性费用

D. 不同承发包模式对于投标报价高低没有直接影响

【正确答案】　C

【答案解析】　选项 A、B 错误,投标人在进行工程项目工程量清单招标的投标报价时,不能进行投标总价优惠(或降价、让利),投标人对投标报价的任何优惠(或降价、让利)均应反映在相应清单项目的综合单价中。选项 C 正确,规费和税金必须按国家或省级、行业建设主管部门规定的标准计算,不得作为竞争性费用。选项 D 错误,不同承发包模式对于投标报价高低有直接影响。

第三节　建设工程投标文件的编制

一、投标文件的编制要求

1. 投标文件的编制要求

(1)投标文件应按招标文件、《中华人民共和国标准施工招标文件》中"投标文件格式"进行编写。投标人编制投标文件时必须使用招标文件提供的投标文件表格格式，但表格可以按同样格式扩展。

（2）投标文件应当对招标文件中有关工期、投标有效期、质量要求、技术标准和要求、招标范围等实质性内容作出响应。

（3）投标文件应使用不能擦去的墨水打印或书写，各种投标文件的填写字迹都要清晰、端正，补充设计图纸要整洁、美观。

（4）所有投标文件均由投标人的法定代表人或其委托代理人签字、加盖印鉴，并加盖法人单位公章。

（5）投标文件"正本"一份，"副本"则按投标须知前附表所规定的份数提供，同时要在标书封面标明"投标文件正本"或"投标文件副本"字样。投标文件正本和副本如不一致，以正本为准。

（6）投标文件正本和投标文件副本应分别装订成册，并编制目录，具体装订要求要符合投标人须知前附表规定。

2. 投标文件重大偏差的情形

根据《评标委员会和评标方法暂行规定》第二十五条规定，下列情况属于重大偏差：

（1）没有按照招标文件要求提供投标担保或者所提供的投标担保有瑕疵；

（2）投标文件没有投标人授权代表签字和加盖公章；

（3）投标文件载明的招标项目完成期限超过招标文件规定的期限；

（4）明显不符合技术规格、技术标准的要求；

（5）投标文件载明的货物包装方式、检验标准和方法等不符合招标文件的要求；

（6）投标文件附有招标人不能接受的条件；

（7）不符合招标文件中规定的其他实质性要求。

投标文件有上述情形之一的，为未能对招标文件作出实质性响应，将被作否决投标处理。招标文件对重大偏差另有规定的，从其规定。

二、投标文件的组成

（1）投标函及投标函附录；

（2）法定代表人身份证明或附有法定代表人身份证明的授权委托书；

（3）联合体协议书（如果有）；

（4）投标保证金；

（5）已标价工程量清单；

（6）施工组织设计；

（7）项目管理机构；

（8）拟分包项目情况表；

（9）资格审查资料；

（10）投标人须知前附表规定的其他材料。

三、投标文件的编制步骤

投标人编制投标文件的一般步骤如下：

(1)编制投标文件的准备工作。内容包括：认真研究招标文件、重点是投标人须知、专用条款、设计图纸、工程范围及工程量表等；参加现场踏勘和投标预备会；调查工程项目所在地的人工、材料供应和施工机械租赁市场情况；了解招标人和竞争对手的相关情况；了解工程项目所在地的水文地质、气候情况；其他与招标工程相关的情况。

(2)复核招标文件中的清单工程量、计算施工工程量。

(3)根据工程类型编制施工规划或施工组织设计。

(4)根据工程价格构成进行工程估价，确定利润方针，计算和确定报价。投标报价是投标的一个核心环节，投标人要根据工程价格构成对工程进行合理估价，确定切实可行的利润方针，正确计算和确定投标报价。

(5)制作投标文件。投标文件应完全按照招标文件的各项要求编制，也应对招标文件提出的实质性要求和条件作出响应。

四、投标文件编制的注意事项

投标文件是评标的主要依据，是事关投标人能否中标的关键因素。因此，投标人在编制投标文件的过程中，必须严格要求，仔细认真，需要注意下列事项：

(1)封面格式是否与招标文件要求格式一致，文字打印是否有错别字；封面的标段是否与所投标段一致；企业法定代表人或委托代理人是否按照规定签字或盖章，是否按规定加盖单位盖章，投标人名称是否与资格审查时的单位名称一致。

(2)授权书、银行保函、信贷证明是否按照招标文件要求格式填写，是否由法定代表人或其授权的委托代理人正确签字或盖章。

(3)投标人编制投标文件时必须使用招标文件提供的投标文件表格格式，但表格可以按同样格式拓展。投标人在编制投标文件时，凡要求填写的空格都必须填写，否则即被视为放弃意见。实质性的项目或数字如工期、质量等级等未填写，将被视为无效投标文件处理。

(4)工程施工组织设计是中标后施工管理的计划安排和监理工程师监督的依据之一，一定要科学合理，切实可行。一定要严格按照招标文件和评标标准的要求来编制施工组织设计，不能漏项，内容要尽量按评标标准的项目顺序排序，便于专家打分。工程施工方案是施工组织设计的关键，直接影响到投标报价，投标人要根据现场踏勘情况，初定几套施工方案进行测算、比较，以确定经济、合理的方案。工期安排争取要比业主限定时间提前，以取得标书评审时的工期提前奖励得分。

(5)投标报价应与施工组织设计相统一，施工方案是投标报价的必要依据，投标报价反过来又指导、调整施工方案，两者是相互联系的统一体，不可分离编制。工程量清单所列项目均需填报单价和合价，报价中单价、合价、投标总价一定要计算准确、统一；不可竞争费用如安全文明施工费、规费一定要按当地住房城乡建设主管部门的规定报价；其他项目清单中的暂估价、暂定金额等不要漏项，否则会被按废标处理；单价调整后要及时调整合价及投标总价，避免前后价格不符；投标报价编制完成后要经他人复核、审查。

（6）填报的投标文件应反复校核，保证分项和汇总计算均无错误。全套投标文件均应无涂改行间插字，除非这些删改是根据招标人的要求进行的，或者是投标人造成的必须修改的错误，修改处应由投标文件签字人签字证明并加盖印鉴。

（7）技术标采用暗标评审的，投标人在编制构成投标文件的"技术暗标"的正文中均不得出现投标人的名称和其他可识别投标人身份的字符、徽标、人员名称及其他特殊标记等，否则将按废标处理。

五、投标文件的修改、撤回、送达和签收

1. 投标文件的修改、撤回

在提交投标文件的截止时间前，可以补充、修改或撤回已提交的投标文件。在提交投标文件截止时间后到投标有效期终止前，不得补充修改或撤销；如投标人撤销投标文件，没收投标保证金。

2. 投标文件的送达与签收

投标人应在招标文件要求提交投标文件截止时间前，将投标文件以指定方式送达指定地点。

第四节　建设工程投标策略

一、建设工程投标决策

所谓投标决策，就是针对某工程招标项目，投标人是选择参加还是不参加投标。这包括三个方面的内容：一是针对某一项目是投标还是不投标，即选择投标对象；二是倘若投标，是投什么性质的标，即投标报价策略问题；三是投标中如何发挥自身优势，扬长避短，即投标的策略与技巧。投标决策的正确与否，关系到能否中标和中标后的效益，关系到投标人的发展前景和经济利益。因此，投标人应该充分认识到投标决策的重要意义。

二、建设工程投标决策的阶段划分

投标决策阶段可分为两个阶段，即投标决策的前期阶段和投标决策的后期阶段。

（1）投标决策的前期阶段。投标决策的前期阶段主要是投标人及其决策班子对是否参加投标进行研究、论证并作出决策。这个阶段的决策必须在投标人参加投标资格预审前完成。投标决策的主要依据是投标人自身实力；招标人发布的投标公告；对招标工程基本情况的了解情况；对业主情况的调研和了解程度；如果是国际工程，还包括对工程所在国和工程所在地的调研和了解程度。其中应放弃投标的招标项目：工程规模、技术要求超出投标人自身实力之外的项目；施工企业生产任务饱满，无力承担的工程项目；招标工程的预期盈

利水平较低或风险较大的项目；本施工企业技术、信誉、施工水平明显不如竞争对手的项目。

(2)投标决策的后期阶段。投标决策的后期阶段是指从资格预审至投标报价期间的决策研究阶段，主要研究投什么性质的标及投标中采取的策略问题。投标人应结合自身情况作出理性选择：企业综合实力雄厚、施工管理水平高的条件下，可投风险标、亏损标或赢利标；企业综合实力较差且施工管理水平一般的情况的条件下，可投保险标、保本标。

三、影响投标决策的因素

1. 主观因素

某一施工企业是否参加投标，首先要取决于其自身的实力，也就是投标人自身的主观因素。

(1)技术实力。技术实力主要是对人才的要求，具备了高素质人才的企业，其技术实力必然就强。技术实力主要体现在：有精通专业的建筑师、建造师、造价工程师、会计师、企业管理专家等组成的投标组织机构；有技术、经验较为丰富的施工队伍；有工程项目施工专业特长，有解决工程项目施工技术难题的能力；有与招标工程项目同类工程的施工和管理经验；有一定技术实力的合作伙伴和分包商。

(2)经济实力。经济实力主要是指有垫付建设资金的能力，即具有"带资承包"的能力；具有一定的固定资产和施工机械；具有支付施工费用的资金周转能力；具有支付各项税款和保险金、担保金的能力；具有承包国际工程所需要的外汇；具有抵御不可抗力所带来的风险能力。

(3)管理实力。投标人想取得较好的经济效益就必须从成本控制上下功夫，向管理要效益。因此要加强企业管理，建立现代企业管理制度，制定切实可行的措施，努力实现企业管理的科学化和现代化。

(4)信誉实力。在目前建筑市场竞争日益激烈的情况下，投标人信誉也是中标的一条重要条件。因此，投标人必须具有重质量、重合同、守信誉的意识，建立良好的企业信誉就必须遵守国家法律、法规，保证工程施工的安全、质量和工期。

2. 客观因素

(1)招标人的情况。招标人的合法地位、支付能力、履约能力是影响投标人决策的主要客观因素，需予以考虑。

(2)投标竞争形势和竞争对手的情况。一般来说，在大型工程目的投标竞争中，大型施工企业技术实力强、管理水平高、施工经验丰富、适应性强，因此，中标的可能性较大；在中小型工程项目的投标竞争中，一般中小型公司或当地公司中标的可能性更大。

(3)法律、法规情况。国内工程除全国性的法律法规外，需要注意的是地方法规。而对于国际工程，则存在法律适用问题。法律适用的原则有强制适用工程所在地原则、意思自治原则、最密切联系原则、适用国际惯例原则、国际法优先于国内法原则。

(4)投标风险情况。承揽国内工程风险相对要小一些，而承揽国际工程则风险要大得多。因此，投标人需要针对招标项目广泛、深入地进行调查研究，做出全面的风险分析，充分考虑可能面临的政治风险、经济风险、技术风险等风险因素，只有这样才能在投标时作出正确决策。

四、建设工程投标报价技巧

常用的投标策略有不平衡报价法、多方案报价法、增加建议方案法、突然降价法、无利润报价法等。以下是各种策略的适应范围：

（1）不平衡报价法。在工程项目总报价基本确定后不提高总报价，通过调整项目内部各部分报价（调整范围不能过大），谋求结算时提高经济效益的方法，应用时需要和网络分析、资金时间价值分析相结合。

①能够早日结算的项目（如前期措施费、基础工程、土石方工程等）可以适当提高报价，以利于资金周转，提高资金时间价值。后期工程项目如设备安装、装饰工程等的报价可适当降低。

②经过工程量复核，预计今后工程量会增加的项目，单价适当提高，这样在最终结算时可多盈利，而将来工程量有可能减少的项目单价降低，工程结算时损失不大。

但是，上述两种情况要统筹考虑，即对于清单工程量有错误的早期工程，如果工程量不可能完成而有可能减少的项目，则不能盲目抬高价格，要具体分析后再定。

③设计图纸不明确、估计修改后工程量要增加的，可以提高单价，而工程内容说明不清楚的，则可以降低一些单价，在工程实施阶段通过索赔再寻求提高单价的机会。

④暂定项目又称任意项目或选择项目，对这类项目要作具体分析。因这一类项目要开工后由发包人研究决定是否实施，以及由哪一家投标人实施。如果工程不分标，则其中肯定要施工的单价可高些，不一定要施工的则应该低些。如果工程分标，该暂定项目也可能由其他投标人施工时，则不宜报高价，以免抬高总报价。

⑤单价与包干混合制合同中，招标人要求有些项目采用包干报价时，宜报高价。一则这类项目多半有风险；二则这类项目在完成后可全部按报价结算，即可以全部结算回来。其余单价项目则可适当降低。

⑥有时招标文件要求投标人对工程量大的项目报"综合单价分析表"，投标时可将单价分析表中的人工费及机械设备费报得较高，而材料费报得较低。这主要是为了在今后补充项目报价时，可以参考选用"综合单价分析表"中较高的人工费和机械费，而材料则往往采用市场价，因而可获得较高的收益。

（2）多方案报价法。招标文件中工程范围不明确，某些条款不清，在充分考虑风险的情况下，在满足原招标文件规定技术要求的条件下，不仅对原方案提出报价，还可以提出新的方案进行报价。报价时要对两种方案进行技术与经济的对比，新方案应比原方案报价低些，以利于中标。

（3）增加建议方案法。招标文件允许招标人提出建议时，可以对原设计方案提出新的建议，投标人可以提出技术上先进、操作上可行、经济上合理的建议。提出建议后要与原报价进行对比且有所降低。但要注意对原招标方案一定也要报价。建议方案不要写得太具体，要保留方案的技术关键，防止招标人将此方案交给其他投标人。同时要强调的是，建议方案一定要比较成熟，有很好的可操作性。

（4）突然降价法。投标人对招标方案提出报价后，在充分了解投标信息的前提下，通过优化施工组织设计、加强内部管理、降低费用消耗的可能性分析，在投标截止日截止时间之前，突然提出一个较原报价降低的新报价，以利于中标。

（5）无利润报价法。投标人在可能中标的情况下拟将部分工程转包给报价低的分包商，或对于分期投标的工程采取前段中标后段得利，或为了开拓建筑市场、扭转企业长期无标的困境时采取的策略。

案例分析

【背景资料】

某投标人通过资格预审后，对招标文件进行了仔细分析，发现招标人所提出的工期要求过于苛刻，且合同条款中规定工期每拖延 1 天罚合同价的 1‰。若要保证实现该工期要求，必须采取特殊措施，从而大大增加成本；还发现原设计结构方案采用框架-剪力墙体系过于保守。

因此，该投标人在投标文件中说明招标人的工期要求难以实现，因而按自己认为的合理工期（比招标人要求的工期增加 6 个月）编制施工进度计划并据此报价；还建议将框架剪力墙体系改为框架体系，并对这两种结构体系进行了技术经济分析和比较，证明框架体系不仅能保证工程结构的可靠性和安全性、增加使用面积、提高空间利用的灵活性，而且可降低造价约 3%。

该投标人将技术标和商务标分别封装，在封口处加盖本单位公章和法定代表人签字后，在投标截止日期前 1 天上午将投标文件报送招标人。次日（即投标截止日当天）下午，在规定的开标时间前 1 小时，该投标人又递交了一份补充材料，其中声明将原报价降低 4%。但是，招标人的有关工作人员认为，根据国际上"一标一投"的惯例，一个投标人不得递交两份投标文件，因而拒收该投标人的补充材料。

开标会由市招投标办的工作人员主持，市公证处有关人员到会，各投标人代表均到场。开标前，市公证处人员对各投标人的资质进行审查，并对所有投标文件进行审查，确认所有投标文件均有效后，正式开标。主持人宣读投标人名称、投标价格、投标工期和有关投标文件的重要说明。

【问题】

1. 该投标人运用了哪几种报价技巧？其运用是否得当？请逐一加以说明。

2. 在该项目招标程序中存在哪些不妥之处？请分别作简单说明。

【案例解析】

问题 1 的解析：

（1）该投标人运用了三种报价技巧，即多方案报价法、增加建议方案法和突然降价法。

（2）多方案报价法运用不当，因为运用该报价技巧时，必须对原方案（本案例指招标人的工期要求）报价，而该投标人在投标时仅说明了该工期要求难以实现，却并未报出相应的投标价。

（3）增加建议方案法运用得当，通过对两个结构体系方案的技术经济分析和比较（这意味着对两个方案均报了价），论证了建议方案（框架体系）的技术可行性和经济合理性，对招标人有很强的说服力。

（4）突然降价法也运用得当，原投标文件的递交时间仅比规定的投标截止时间提前1天多，这既是符合常理的，又为竞争对手调整、确定最终报价留有一定的时间，起到了迷惑竞争对手的作用。若提前时间太多，会引起竞争对手的怀疑，而在开标前1小时突然递交一份补充文件，这时竞争对手基本已不可能再调整报价了。

问题2的解析：

（1）"招标单位的有关工作人员拒收承包商的补充材料"不妥，因为投标人在投标截止时间之前所递交的任何正式书面文件都是有效文件，都是投标文件的有效组成部分。补充文件与原投标文件共同构成一份投标文件，而不是两份相互独立的投标文件。

（2）"开标会由市招投标办的工作人员主持"不妥，因为开标会应由招标人或招标代理人主持。

（3）"开标前，市公证处人员对各投标单位的资质进行了审查"不妥，因为公证处人员无权对投标人资格进行审查，其到场的作用在于确认开标的公正性和合法性。

（4）"公证处人员对所有投标文件进行审查"不妥，因为公证处人员在开标时只是检查各投标文件的密封情况，并对整个开标过程进行公正。

复习思考题

一、选择题

1.【单选题】关于建设工程招标投标的说法，正确的是（　　）。

    A. 招标文件一般包括经济标和技术标　　B. 投标人不得少于5人

    C. 两个以上法人可以组成一个联合体　　D. 招标控制价是投标的最低限价

2.【单选题】根据《建设工程工程量清单计价规范》（GB 50500—2013），投标时不能作为竞争性费用的是（　　）。

    A. 夜间施工增加费　　　　　　　　　　B. 冬雨季施工增加费

    C. 已完工程保护费　　　　　　　　　　D. 安全文明施工费

3.【单选题】关于投标文件的送达与签收的说法，正确的是（　　）。

    A. 招标人收到投标文件后，应当开启检查是否符合招标文件的要求

    B. 在招标文件要求提交投标文件的截止时间后送达的投标文件，有正当理由的，招标人应当签收

    C. 未按照招标文件的要求密封的投标文件，招标人可以自行密封

    D. 未通过资格预审的申请人提交的投标文件，招标人应当拒收

4.【单选题】在投标报价采取不平衡报价时，下列说法不正确的是（　　）。

    A. 能够早日结账收款的项目可适当提高报价

B. 工作内容不明确的，单价适当提高

C. 预计工程量今后会增加的，单价适当提高

D. 工作简单、工作量大的工程，报价可适当提高

5. 【多选题】以下影响投标决策的客观因素的有(　　)。

A. 投标人的技术实力

B. 发包人的情况

C. 投标风险的大小

D. 法律、法规的情况

E. 投标人的经济实力

二、简答题

1. 简述联合体投标的规定。

2. 简述建设工程投标的程序。

3. 简述投标报价的编制应遵循的原则。

4. 简述投标文件的组成。

5. 简述不平衡报价法。

第四章
建设工程开标、评标与定标

 学习目标

知识目标： 掌握建设工程开标的程序；掌握开标时投标文件无效的情形；掌握评标委员会的组成、评标方法、评标时否决投标文件的情形；掌握中标的条件；熟悉中标的一般规定。

能力目标： 能够组织开标工作。

素质目标： 具备敬业精神，在开标、评标、定标过程中遵循公平、公正、科学择优的原则。

案例导入

在某依法必须招标的建筑工程项目施工公开招标中，有 A、B、C、D、E、F、G、H 八家施工单位报名投标，经招标代理机构资格预审合格，但建设单位以 A 单位是外地企业为由不同意其参加投标。评标委员会由 5 人组成，其中当地住房城乡建设主管部门的招投标管理办公室主任 1 人，建设单位代表 1 人，随机抽取的技术经济专家 3 人。评标时发现，B 单位的投标报价明显低于其他单位报价且未能说明理由；D 单位投标报价大写金额小于小写金额；F 单位投标文件提供的施工方法为其自创，且未按原方案给出报价；H 单位投标文件中某分项工程的报价有个别漏项；其他单位投标文件均符合招标文件要求。

问题：

1. A 单位是否有资格参加投标？为什么？

2. 评标委员会的组成是否妥当？

3. B、D、F、H 四家单位的标书是否为有效标？

案例分析

1. A 单位有资格参与投标。公开招标时不得以投标单位是外地企业为由拒绝，否则违反了"公开、公平和公正"原则。

2. 评标委员会的组成不妥。技术、经济等方面的专家人数占评标委员会人数比例不妥。依法必须进行招标的项目，其评标委员会由招标人的代表和有关技术、经济等方面的专家组成，成员人数为五人以上的单数，其中技术、经济等方面的专家不得少于成员总数的三分之二。招标办主任作为评标委员会成员参与到评标委员会中不妥。

3. D、H 单位为有效标。B 单位涉嫌恶意竞标，而 F 单位没有对招标文件中的原方案进行报价，视为未响应招标文件要求，应被否决。

第一节　建设工程开标

开标是指在招投标活动中，由招标人主持、邀请所有投标人和招标投标行政监督部门或公证机构人员参加的情况下，在招标文件所规定的时间和地点当众对投标文件进行开启，公开宣布投标人的名称、投标价格及投标文件中其他主要内容的活动。

一、开标的时间和地点

按照《中华人民共和国招标投标法》第三十四条的规定，开标应当在招标文件确定的提交投标文件截止时间的同一时间公开进行；开标地点应当为招标文件中预先确定的地点（一般为当地建设工程交易中心）。

采用电子招投标的，应当按照招标文件确定的开标时间，在电子招投标交易平台上公开进行，所有投标人均应准时在线参加开标。开标时，电子招投标平台自动提取所有投标文件，提示招标人和投标人按照招标文件规定方式按时在线解密。解密全部完成后，应当向所有投标人公布投标人名称、投标价格和投标文件中其他主要内容。因投标人原因造成投标文件未解密的，视为撤销其投标文件；因投标人之外的原因造成投标文件未解密的，视为撤回其投标文件，投标人有权要求责任方赔偿因此遭受的直接损失。部分投标文件未解密的，其他投标文件的开标可以继续进行。

按照《中华人民共和国招标投标法》第三十五条的规定，开标由招标人主持，邀请所有投标人参加。招标人可以在投标人须知前附表中对此作出进一步说明，同时明确投标人的法定代表人或其委托代理人不参加开标的法律后果。通常招标人不应以投标人不参加开标为由将其投标作废标处理。一般来说，参加开标会议是投标人的权利而不是义务。但若招标文件中明确要求投标人必须参加开标会议而没有参加的，其投标书有可能会被否决掉。

【思考题】　根据《中华人民共和国招标投标法》的有关规定，下列关于开标的说法中错误的是（　　　）。

A. 开标应当在招标文件确定的提交投标文件截止时间的同一时间公开进行

B. 开标地点应当为招标文件中预先确定的地点

C. 开标由招标人主持，邀请部分投标人参加

D. 开标时都应当当众拆封、宣读投标文件

【正确答案】　C

【答案解析】 本题考查的是开标的法律规定。选项 C 说法错误，开标应该邀请所有投标人参加。

二、开标的程序

根据《中华人民共和国招标投标法》第三十六条的规定，开标时，由投标人或者其推选的代表检查投标文件的密封情况，也可以由招标人委托的公证机构检查并公证；经确认无误后，由工作人员当众拆封，宣读投标人名称、投标价格和投标文件的其他主要内容。开标的具体程序如下：

(1)所有到会投标人签到，并按规定在参加开标会期间关闭所有通信工具；

(2)招标人当众宣布截标前收到的投标文件清单；

(3)招标人按招标文件的规定查验各投标人到会代表的身份；

(4)招标人介绍开标会小组有关工作人员及开标会小组产生办法；

(5)按规定提交了合格的撤回通知的投标文件不予开封，退还投标人，并由招标人根据招标文件的规定宣布其为无效投标文件，不予送交评审；

(6)由投标人或者其集体推选的代表检查投标件的密封和标记情况，或由招标人委托的公证机构进行检查并公证；

(7)经确认无误后，由招标人当众拆封，宣读投标人名称、投标报价，以及投标文件中对工程质量和工期的承诺等其他主要内容，并经投标人确认；

(8)招标人应对开标过程进行详细记录，填写《开标情况一览表》，存档备查；

(9)将被受理的所有投标人的投标文件在交易中心工作人员的监督下送交评标委员会评审。

三、开标时投标文件无效的情形

(1)投标文件未按照招标文件的要求予以密封的；

(2)投标文件中投标函未加盖投标人的企业及企业法定代表人印章的，或者企业法定代表人委托代理人没有合法、有效的委托书(原件)及委托代理人印章的；

(3)投标文件的关键内容字迹模糊、无法辨认的；

(4)投标人未按照招标文件的要求提供投标保函或者投标保证金的；

(5)组成联合体投标的，投标文件未附联合体各方共同投标协议的。

第二节　建设工程评标

评标是指评标委员会依据招标文件规定的评标标准和方法对投标文件进行审查、评审和比较的行为。评标是招投标活动中十分重要的阶段，评标是否真正做到公开、公平、公正决定着整个招投标活动是否公平和公正；评标的质量决定着能否从众多投标竞争者中选出最能满足招标工程各项要求的中标者。

一、评标委员会

1. 评标委员会的组成

《中华人民共和国招标投标法》第三十七条规定，评标由招标人依法组建的评标委员会负责。依法必须进行招标的项目，其评标委员会由招标人的代表和有关技术、经济等方面的专家组成，成员人数为五人以上单数，其中技术、经济等方面的专家不得少于成员总数的三分之二。评标专家应当从事相关领域工作满八年并具有高级职称或者具有同等专业

评标委员会和评标
方法暂行规定

水平，由招标人从国务院有关部门或者省、自治区、直辖市人民政府有关部门提供的专家名册或者招标代理机构的专家库内的相关专业的专家名单中确定；一般招标项目可以采取随机抽取方式，特殊招标项目可以由招标人直接确定。与投标人有利害关系的人不得进入相关项目的评标委员会；已经进入的应当更换。评标委员会成员的名单在中标结果确定前应当保密。

评标委员会设负责人的，评标委员会负责人由评标委员会成员推举产生或者由招标人确定。评标委员会负责人与评标委员会的其他成员有同等的表决权。

对于评标委员会中的专家有下列要求：

(1)从事相关专业领域工作满八年并具有高级职称或者同等专业水平；

(2)熟悉有关招标投标的法律、法规，并具有与招标项目相关的实践经验；

(3)能够认真、公正、诚实、廉洁地履行职责。

并且，如果有下列情形之一的，不得担任评标委员会成员：

(1)投标人或者投标人主要负责人的近亲属；

(2)项目主管部门或者行政监督部门的人员；

(3)与投标人有经济利益关系，可能影响对投标公正评审的；

(4)曾因在招标、评标以及其他与招标投标有关活动从事违法行为而受过行政处罚或刑事处罚的。

评标委员会成员有上述规定情形之一的，应当主动提出回避。

评标委员会成员应当客观、公正地履行职责，遵守职业道德，对所提出的评审意见承担个人责任。评标委员会成员不得与任何投标人或者与招标结果有利害关系的人进行私下接触，不得收受投标人、中介人、其他利害关系人的财物或者其他好处。

评标委员会成员和与评标活动有关的工作人员不得透露对投标文件的评审和比较、中标候选人的推荐情况及与评标有关的其他情况。

2. 评标委员会的权利

(1)依法对投标文件进行评审和比较，出具个人评审意见。依法按照招标文件确定的评标标准和方法，运用个人相关的能力、知识和信息，对投标文件进行全面评审和比较，在评标工作中发表并出具个人评审意见，行使评审表决权是评标委员会成员最基本的权利，也是其主要义务。评标委员会成员应对其参加评标的工作及出具的评审意见，依法承担个人责任。

（2）签署评标报告，推荐合格的招标候选人。评标委员会直接的工作成果体现为评标报告。评标报告汇集、总结了评标委员会全部成员的评审意见，由每个成员签字认定后，以评标委员会的名义出具。

（3）接受参加评标工作的劳务报酬。评标工作是一种劳务活动。所以，个人参加评标承担相应的工作和责任，有权依法接受劳务报酬。

（4）其他相关权利。评标委员会成员还享有其他与评标工作相关的权利。例如，对发现的违规违法情况加以制止，向有关方面反映、报告评标过程中的问题等。

3. 评标委员会的义务

（1）客观、公正、诚实、廉洁地履行职责。评标委员会成员在投标文件评审直至提出评标报告的全过程中，均应恪守职责，认真、公正、诚实、廉洁地履行职责，这是每个成员最根本的义务。评标委员会成员应披露存在依法不应参加评标工作的情况并提出回避。

（2）遵守保密、勤勉等评标纪律。对评标工作的全部内容保守秘密，也是评标委员会成员的主要义务之一。评标委员会成员和参与评标的有关工作人员不得透露对投标文件的评审和比较、中标候选人的推荐情况及与评标有关的其他情况。另外，每个成员还应遵守包括勤勉等评标工作纪律。应认真阅读研究招标文件、评标标准和方法，全面地评审和论证全部投标文件。同时，应遵守评标工作时间和进度安排。

（3）需要时配合质疑和投诉处理工作。对于评标工作和评标结果发生的质疑与投诉，招标人、招标代理机构及有关主管部门依法处理质疑和投诉时，往往需要评标委员会成员做出解释，包括评标委员会对某些问题所作结论的理由和依据等。

（4）其他相关义务。评标委员会成员还应承担其他与评标工作相关的义务。其包括协助、配合有关行政监督部门的监督和检查工作等。

二、评标方法

评标方法包括经评审的最低投标价法、综合评估法或法律、行政法规允许的其他评标方法。

辽宁省房屋建筑和市政
基础设施工程施工
招标评标办法

经评审的最低投标价法一般适用于具有通用技术、性能标准，或者招标人对其技术、性能没有特殊要求的招标项目。

根据经评审的最低投标价法，能够满足招标文件的实质性要求，并且经评审的最低投标价的投标，应当推荐为中标候选人。采用经评审的最低投标价法的，评标委员会应当根据招标文件中规定的评标价格调整方法，以所有投标人的投标报价以及投标文件的商务部分作必要的价格调整。采用经评审的最低投标价法的，中标人的投标应当符合招标文件规定的技术要求和标准，但评标委员会无需对投标文件的技术部分进行价格折算。

根据经评审的最低投标价法完成详细评审后，评标委员会应当拟定一份"标价比较表"，连同书面评标报告提交招标人。"标价比较表"应当载明投标人的投标报价、对商务偏差的价格调整和说明以及经评审的最终投标价（表4-1）。

表 4-1　评标标价比较表

序号	投标单位	投标报价	投标偏差	评审价格
1				
2				
3				
4				
5				

评委签字：

不宜采用经评审的最低投标价法的招标项目，一般应当采取综合评估法进行评审。

根据综合评估法，最大限度地满足招标文件中规定的各项综合评价标准的投标，应当推荐为中标候选人。衡量投标文件是否最大限度地满足招标文件中规定的各项评价标准，可以采取折算为货币的方法、打分的方法或者其他方法。需量化的因素及其权重应当在招标文件中明确规定。

评标委员会对各个评审因素进行量化时，应当将量化指标建立在同一基础或同一标准上，使各投标文件具有可比性。对技术部分和商务部分进行量化后，评标委员会应当对这两部分的量化结果进行加权，计算出每一投标的综合评估价或综合评估分。

根据综合评估法完成评标后，评标委员会应当拟定一份"综合评估比较表"（表 4-2），连同书面评标报告提交招标人。"综合评估比较表"应当载明投标人的投标报价、所作的任何修正、对商务偏差的调整、对技术偏差的调整、对各评审因素的评估及对每一投标的最终评审结果。

表 4-2　综合评估比较表

项目名称：		项目编号：	20××年××月××日
编号	投标人	排名	备注
1			
2			
3			
4			
5			

三、评标时否决投标的情形

（1）在评标过程中，评标委员会发现投标人以他人的名义投标、串通投标、以行贿手段谋取中标或者以其他弄虚作假方式投标的，应当否决该投标人的投标。

（2）在评标过程中，评标委员会发现投标人的报价明显低于其他投标报价或者在设有标底时明显低于标底，使得其投标报价可能低于其个别成本的，应当要求该投标人作出书面说明并提供相关证明材料。投标人不能合理说明或者不能提供相关证明材料的，由评标委员会认定该投标人以低于成本报价竞标，应当否决其投标。

（3）投标人资格条件不符合国家有关规定和招标文件要求的，或者拒不按照要求对投标文件进行澄清、说明或补正的，评标委员会可以否决其投标。

（4）评标委员会应当审查每一投标文件是否对招标文件提出的所有实质性要求和条件做出响应。未能在实质上响应的投标，应当予以否决。

（5）评标委员会应当根据招标文件，审查并逐项列出投标文件的全部投标偏差。投标偏差分为重大偏差和细微偏差。下列情况属于重大偏差：

①没有按照招标文件要求提供投标担保或者所提供的投标担保有瑕疵；

②投标文件没有投标人授权代表签字和加盖公章；

③投标文件载明的招标项目完成期限超过招标文件规定的期限；

④明显不符合技术规格、技术标准的要求；

⑤投标文件载明的货物包装方式、检验标准和方法等不符合招标文件的要求；

⑥投标文件附有招标人不能接受的条件；

⑦不符合招标文件中规定的其他实质性要求。

投标文件有上述情形之一的，为未能对招标文件作出实质性响应，应做否决投标处理。招标文件对重大偏差另有规定的，从其规定。

评标委员会根据法律法规否决不合格投标后，因有效投标不足三个使得投标明显缺乏竞争的，评标委员会可以否决全部投标。

投标人少于三个或所有投标被否决的，招标人在分析招标失败的原因并采取相应措施后，应当依法重新招标。

四、评标的程序

（1）评标的准备。评标委员会成员应当编制供评标使用的相应表格，认真研究招标文件，至少应了解和熟悉以下内容：

①招标的目标；

②招标项目的范围和性质；

③招标文件中规定的主要技术要求、标准和商务条款；

④招标文件规定的评标标准、评标方法和在评标过程中考虑的相关因素。

（2）初步评审。招标人或者其委托的招标代理机构应当向评标委员会提供评标所需的重要信息和数据，但不得带有明示或者暗示倾向或者排斥特定投标人的信息。招标人设有标底的，标底在开标前应当保密，并在评标时作为参考。

评标委员会应当根据招标文件规定的评标标准和方法，对投标文件进行系统的评审和比较。招标文件中没有规定的标准和方法不得作为评标的依据。

招标文件中规定的评标标准和评标方法应当合理，不得含有倾向或者排斥潜在投标人的内容，不得妨碍或者限制投标人之间的竞争。

（3）详细评审。经初步评审合格的投标文件，评标委员会应当根据招标文件确定的评标标准和方法，对其技术部分和商务部分作进一步评审、比较。

（4）推荐中标候选人与定标。

五、评标报告

评标委员会完成评标后，应当向招标人提出书面评标报告，并抄送有关行政监督部门。评标报告应当如实记载以下内容：

(1)基本情况和数据表；

(2)评标委员会成员名单；

(3)开标记录；

(4)符合要求的投标一览表；

(5)否决投标的情况说明；

(6)评标标准、评标方法或评标因素一览表；

(7)经评审的价格或评分比较一览表；

(8)经评审的投标人排序；

(9)推荐的中标候选人名单与签订合同前要处理的事宜；

(10)澄清、说明、补正事项纪要。

评标报告由评标委员会全体成员签字。对评标结论持有异议的评标委员会成员可以书面方式阐述其不同意见和理由。评标委员会成员拒绝在评标报告上签字且不陈述其不同意见和理由的，视为同意评标结论。评标委员会应当对此作出书面说明并记录在案。

下面是评标报告的例子。

建筑工程评标报告

（适用于商务标明评、技术标暗评）

工程名称：_____

_____工程评标委员会

年　月　日

1. 为进一步完善招投标工作，简化招标投标程序，使之更好地适应市场经济的要求，铁道工程××交易中心(以下简称交易中心)，特制定该评标报告范本以更好地服务和方便各建设单位。请提出宝贵意见。

2. 评标报告由评标委员会组织编写，完成后提交招标人，招投标办、交易中心各留存一份。

3. 该示范文本经××铁路局建设工程招投标管理委员会办公室审定，由交易中心负责解释。

一、基本情况和数据表

1. 工程综合说明

建设单位_____

工程名称：_____　建设地点：_____

结构类型：_____　建设规模：_____

质量标准：_____

计划工期：计划_____年____月____日开工，

　　　　　计划_____年____月____日竣工

招标范围：_____

_____

_____

_____

_____

招标方式：　　公开招标(　　　　　　　)

　　　　　　　邀请招标(　　　　　　　)

2. 投标人情况

序号	投标人名称	技术标		经济标		投标书送达时间	联系人	电话
		正本	副本	正本	副本			
1								
2								
3								
4								
5								
6								
7								
8								
9								
10								

二、评标委员会成员名单

序号	姓名	性别	职称	工作单位	招标人代表或受聘专家
1					
2					
3					
4					
5					
6					
7					
8					
9					
10					
11					
12					
13					
14					
15					

主任：   技术组长：   商务组长：

三、开标情况记录

开标地点					
开标时间					
招标人		监标人			
主持人		姓名		单位	
记录人					
唱标人					
工作人员					
工作人员					
投标人情况					

序号	投标人名称	工期	质量	保修期	保修金	项目经理
1						
2						
3						
4						
5						
6						

7						
8						
9						
10						
11						
12						
13						
14						

四、符合要求投标一览表

(1)技术标响应性审查。

序号	审查内容	投标单位或编号					
1	投标书应根据招标文件规定密封、加盖投标人公章和法人章并按招标文件规定时间送到指定地点						
2	文件编制及装订符合招标文件要求						
3	技术分册编写的工程内容与招标文件的内容相符						
4	开竣工日期、施工进度安排与招标文件要求工期相符						
5	质量目标符合招标文件要求						
6	技术分册所编写的须由投标人予以承诺和确认的具体内容的明确承诺和确认内容应符合招标文件中的要求						
	初步结论						

注:"√"表示"有"或"通过";"×"表示"无"或"不通过"。

(2)技术标符合性审查。

序号	审查内容	投标单位或编号					
1	施工总体布置,施工组织措施						
2	施工方案、施工技术措施						
3	采用的技术标准						
4	施工工艺和方法						
5	施工进度安排						
6	工程进度网络图、横道图齐全,关键线路明确						
7	机械、试验设备仪器配置及调配						
8	工程质量保证体系						
9	工程质量保证措施						

序号	审查内容	投标单位或编号							
10	安全目标								
11	安全保证体系								
12	安全保证措施								
13	劳动组织就及劳动力调配计划								
14	物资、设备供应计划								
15	已完工程采取的保护和对破坏的已完工程恢复措施及文明施工、环境保护、文物保护保证措施								
16	投标人对招标文件中提出的应承诺内容的确认								
	初步结论								

注："√"表示"有"或"通过"；"×"表示"无"或"不通过"。

评委签字：

_____

_____

年　　　月　　　日

(3)商务标响应性审查。

序号	审查内容	投标人名称或编号							
1	所投标内容是否与招标文件一致								
2	投标书装订、密封、加盖引章、送达时间和地点符合招标文件要求								
3	投标书格式								
4	投标人的授权代理人签署投标书的书面授权书								
5	投标人签署齐全，包括修改、小签及盖章是否符合招标文件的规定(如果有)								
6	投标保证金								
7	对招标文件及合同条款的确认程度								
8	对于投入本工程的项目经理，质量、技术、安全等主要人员和机械设备等保持相对稳定，不应在施工期间调整								
9	承包人与运输生产有关的工程项目，须与运输生产部门积极配合、协调工作，确保运输生产安全的承诺								
	初步结论								

注："√"表示"有"或"通过"；"×"表示"无"或"不通过"。

（4）商务标符合性审查。

序号	审查内容	投标人名称或编号						
1	修改投标降造率声明书（如果有）							
2	投标有效期不得与招标文件相抵触							
3	投标担保书（如果有）							
4	投标降造率							
5	投标书拟上的现场施工项目部主要负责人（含项目经理、技术、质量、安全负责人）的工程业绩说明							
6	社会信誉							
7	投标人的企业业绩资料							
8	与招标文件有无重大偏差							
初步结论								

注："√"表示"合格"或"通过"；"×"表示"不合格"或"不通过"。

评委签字：

_____

_____

_____

年　　月　　日

五、投标人废标情况说明

投标单位名称	
商务标	说明
技术标	说明
投标单位名称	
商务标	说明

技术标	说明
投标单位名称	
商务标	说明
技术标	说明

六、评标标准、评标方法(附评分表)

略

七、经评审的评分比较一览表

1. _____施工技术标评分汇总表

序号	专家编号 / 投标人	1	2	3	4	5	6	7	8	9	10	11	12	13	14	15	技术标总分值	平均分
1																		
2																		
3																		
4																		
5																		
5																		
6																		
7																		
8																		
9																		
评委确认签字																		

注:本表由记录人填写。如采用去掉一个最高分和最低分方法时请用※号注明。

2. ＿＿＿＿＿＿＿＿＿＿＿＿＿＿＿＿＿＿＿＿＿＿商务标总统计表

报价评分方法：＿＿＿＿＿＿＿＿＿＿＿＿　　标底＿＿＿＿＿＿＿＿＿＿＿＿

序号	投标人	投标报价/元	浮动率/%	商务标分值	备注
1					
2					
3					
4					
5					
6					
7					
8					
9					
备注					
评委确认签字					

注：本表由记录人填写。

3. ＿＿＿＿＿＿＿＿＿＿＿＿＿＿＿＿＿＿＿＿＿＿技术、商务标汇总表

序号	投标人	技术、商务组定量细评得分		总得分	排序	拟定中标人
		技术组评分	商务组评分			
全体评审专家签字：						

招标人对评标结果确认签字：＿＿＿＿＿＿＿＿＿＿　　　年　月　日

八、经评审的投标人排序

1.

2.

3.

九、其他需说明事项

十、评标总结报告

第三节　建设工程定标

在招投标项目中，定标是指根据评标结果产生中标(候选)人。招标人根据评标委员会提出的书面评标报告和推荐的中标候选人确定中标人。招标人也可以授权评标委员会直接确定中标人。

一、中标的条件

评标委员会推荐的中标候选人应当限定在 1～3 人，并标明排列顺序。中标人的投标应当符合下列条件之一：

(1)能够最大限度满足招标文件中规定的各项综合评价标准；

(2)能够满足招标文件的实质性要求，并且经评审的投标价格最低；但是投标价格低于成本的除外。

二、中标的一般规定

(1)招标人不得与投标人就投标价格、投标方案等实质性内容进行谈判。

(2)国有资金占控股或者主导地位的项目，招标人应当确定排名第一的中标候选人为中标人。排名第一的中标候选人放弃中标、因不可抗力提出不能履行合同，或者招标文件规定应当提交履约保证金而在规定的期限内未能提交，或者被查实存在影响中标结果的违法行为等情形，不符合中标条件的，招标人可以按照评标委员会提出的中标候选人名单排序依次确定其他中标候选人为中标人。依次确定其他中标候选人与招标人预期差距较大，或者对招标人明显不利的，招标人可以重新招标。

(3)招标人可以授权评标委员会直接确定中标人。

(4)中标人确定后，招标人应当向中标人发出中标通知书，同时通知未中标人，并与中标人在投标有效期内及中标通知书发出之日起 30 日之内签订合同。

(5)中标通知书对招标人和中标人具有法律约束力。中标通知书发出后，招标人改变中标结果或者中标人放弃中标的，应当承担法律责任。

(6)招标人应当与中标人按照招标文件和中标人的投标文件订立书面合同。招标人与中标人不得再行订立背离合同实质性内容的其他协议。

(7)招标人与中标人签订合同后 5 日内，应当向中标人和未中标的投标人退还投标保证金。

无论采用何种定标途径、定标模式、评标方法，招标人都不得在评标委员会依法推荐的中标候选人之外确定中标人，也不得在所有投标被评标委员会否决后自行确定中标人，否则中标无效，招标人还会受到相应处理。

三、中标候选人公示与中标结果公示

(1)根据《中华人民共和国招标投标法实施条例》第五十四条的规定，依法必须进行招标的项目，招标人应当自收到评标报告之日起 3 日内公示中标候选人，公示期不得少于 3 日。

根据国家发改委制定的《招标公告和公示信息发布管理办法》(国家发展改革委令第 10 号)，依法必须招标项目的中标候选人公示应当载明以下内容：

①中标候选人排序、名称、投标报价、质量、工期(交货期)，以及评标情况；

②中标候选人按照招标文件要求承诺的项目负责人姓名及其相关证书名称和编号；

③中标候选人响应招标文件要求的资格能力条件；

④提出异议的渠道和方式；

⑤招标文件规定公示的其他内容。

依法必须招标项目的中标结果公示应当载明中标人名称。

依法必须招标项目的招标公告和公示信息应当在"中国招标投标公共服务平台"或者项目所在地省级电子招标投标公共服务平台发布。

投标人或者其他利害关系人对依法必须进行招标的项目的评标结果有异议的，应当在中标候选人公示期间提出。招标人应当自收到异议之日起 3 日内作出答复，作出答复前，应当暂停招标投标活动。

表 4-3 是中标候选人公示实例。

表 4-3　中标候选人公示实例

××县胡家学校艺体楼项目中标候选人公示				
工程编号	210101TP00101××××	工程名称	××县胡家学校艺体楼项目	
标段编号	210101TP001015218××××	标段名称	××县胡家学校艺体楼项目	
建设单位	××县胡家镇人民政府	填报单位	辽宁××项目管理咨询有限公司	
工程类别	施工	招标方式	公开招标	
公示开始时间	2022 年 06 月 09 日	公示结束时间	2022 年 06 月 14 日	
项目所在区域	辽宁省·××市·××县	建设地点	××县胡家镇西胡村	
拟中标单位信息				

单位名称	项目负责人	注册资格	证书编号	投标报价	工程工期	质量要求	企业资质	评审得分

××旭峰建筑安装工程有限公司	佟××	二级注册建造师·建筑工程	辽221111339723	5 503 033.02元	91天	合格	建筑工程三级	91.93

中标候选人情况			
候选人排序	第一名	第二名	第三名
单位名称	××旭峰建筑安装工程有限公司	××昌沐和建筑安装工程有限公司	××新盛建筑安装工程有限公司
项目负责人	佟××	田××	于×
注册资格	二级注册建造师·建筑工程	二级注册建造师·建筑工程	二级注册建造师·建筑工程
证书编号	辽221111339723	辽221202097425	辽221202098576
投标报价	5 503 033.02元	5 378 106.15元	5 348 904.03元
工程工期	91	91	91
质量要求	合格	合格	合格
企业资质	建筑工程三级	建筑工程三级	建筑工程三级
评审得分	91.93	87.16	85.93
企业业绩			
招标文件规定公示的其他内容			

废标情况	废标单位	废标原因
	辽宁××建设有限公司	22. 其他；投标文件下列内容未按照招标文件要求盖章和签字的：1. 投标文件封面；2. 投标函；3. 法定代表人证明书或法定代表人授权委托书；4. 联合体投标协议(如有)；5. 声明(如有)；6. 承诺书(如有)

异议投诉	根据《中华人民共和国招标投标法实施条例》第五十四条规定，投标人或其他利害关系人对该公示内容有异议的，应当在中标候选人公示期间向招标人提出。招标人应当自收到异议之日起3日内作出书面答复，作出答复前，应当暂停招标投标活动。对招标人答复仍持有异议的，应当在收到答复之日起10日内持招标人的答复及投诉书，向招标投标监督部门提出投诉。 网上异议投诉系统操作方式： 1. 登录辽宁城乡建设工程交易平台：http://www.lnsgczb.com：8055/TPBidder/memberframe 2. 在【业务管理】模块找到【投诉异议】菜单 3. 异议提出：选择【异议】模块后【新增异议】 4. 投诉提出：选择【投诉】模块后【新增投诉】

(2)中标结果公示的性质为告知性公示，即向社会公布中标结果。中标候选人公示与中标结果公示均是为了更好地发挥社会监督作用的制度。两者区别在于：一是向社会公开相关信息的时间点不同，中标候选人公示是在最终结果确定前，中标结果公示是最终结果确定后；二是中标候选人公示期间，投标人或者其他利害关系人可以依法提出异议，中标结果公示后则不能提出异议。

表 4-4 是中标结果公示实例。

表 4-4　项目中标结果公示

标段编号	210101TP001015218×××		开标日期	2022 年 06 月 07 日
工程名称	××县胡家学校艺体楼项目			
建设单位	××县胡家镇人民政府			
工程类别	房屋建筑工程		招标方式	公开招标
建设地点	盘山县胡家镇西胡村			
中标说明				
代理机构	辽宁××项目管理咨询有限公司			
中标单位	盘锦××建筑安装工程有限公司			
有效工期/天	91			
中标价	5 503 033.02 元		建筑面积	2 221.0 m²
项目经理姓名	佟××		中标负责人级别	二级注册建造师·建筑工程

案例分析

【背景资料】

某市政府投资房建工程施工(估算价 1 000 万元)采用资格后审依法公开招标，招标文件有如下规定：

(1)开标时投标人须携带资质证和项目经理证原件审查。

(2)招标人邀请投标人参加开标会，参加开标会的委托代理人须携带法定代表人授权委托书和本人身份证。

(3)评标采用综合评估法，在百分制中投标报价分占 70%。报价得分计算方法为：以有效投标人投标报价平均值为基准价，等于基准价为满分，高于和低于基准价一个百分点扣 3 分，按插入法进行计算。

(4)投标截止时间为 2015 年 9 月 8 日上午 10 点，地点：某市公共资源交易中心 9 楼 901 室。

(5)投标保证金为人民币 20 万元。

事件一：在开标当天，有 9 家企业递交投标文件，但 K 企业代表在投标截止时间前 15 秒，携带投标文件跨进了接收地点 901 室，但距离招标人安排的投标文件接收人员的办公桌还需走 20 秒，将投标文件递交给投标文件接收人员时，时间已超过上午 10：00，接收人员以投标人迟到为由拒收。

招标人对 8 家投标人 A、B、C、D、E、F、G、H 组织开标。开标时发生了如下事件：

事件二：投标人 A 参加开标会的代表没有携带本人身份证，招标人当场宣布 A 的投标文件无效，不进入唱标和评标程序。

事件三：投标人代表在对投标文件密封进行检查时，对投标人 B 的投标文件密封是否符合招标文件的要求产生了争议，监管人员对密封情况进行现场照相后，决定交评标委员评审，于是先进行了拆封和唱标。

事件四：唱标时发现投标人 C 的投标函没有加盖单位公章，招标人当场宣布 C 的投标文件无效，不进入唱标和评标程序。

事件五：投标人 D 的投标函上有两个投标报价，招标人要求其确认了其中一个报价进行唱标。

事件六：投标人 E 在投标函上填写的报价，大小写不一致，招标人查对了其投标文件中工程报价汇总表，发现投标函上报价的小写数值与投标报价汇总表一致，于是，按照其投标函上小写数值进行了唱标。

开标后，招标人将 6 家投标文件送评标委员会评审。在送评审前招标人收到投标人 F 要求撤销投标文件的报告，投标人 G 关于投标文件中有关问题的说明，招标人一并交评标委员会评审。评标委员会在评审时发生了如下事件：

事件七：评标委员在评审投标人 G 的文件时，参照了其开标后提供的对投标文件有关问题的说明。

事件八：评审时发现投标人 H 投标函上的报价与开标时唱标记录不一致，唱标记录比投标函上的报价少 10 万元，评标委员会认为，开标是公开进行的，投标人代表在唱标记录上已签字确认，且减少 10 万元对招标人有利，应以开标记录作为评审依据。

事件九：评标委员会通过 B 投标文件密封的开标现场照片，并依据招标文件规定，认定 B 投标文件的密封只是存在瑕疵，不影响合格性，决定允许 B 投标文件参与评审。

最后，评标委员会经评审推荐的中标候选人排序为：B 第一名、G 第二名、H 第三名。

在开标现场有多家投标人对招标人的开标行为提出了异议，但招标人并没有及时予以纠正。开标后，监管机构也收到了多家投标人对本项目开标存在问题的投诉，但没有及时暂停评标活动，最终导致本项目重新招标。

【案例解析】

事件一：拒收 K 投标人投标文件是错误的。依据《中华人民共和国招标投标法实施条例》第三十六条的规定，招标人应当拒收投标文件有三种情形：一是未通过资格预审的申请人提交的投标文件(根据《中华人民共和国招标投标法实施条例》第十九条规定，申请人未通过资格预审的，不具备投标资格)。二是逾期送达的投标文件。逾期送达是指投标人将投标文件送招标文件规定地点的时间超过了招标文件规定的投标截止时间。投标文件的逾期送达，无论是投标人自身原因导致的，还是不可抗力等客观原因导致的，招标人都应当拒绝接收。三是未按招标文件要求密封的投标文件。在案例中，K 投标人在投标截止时间 10 点前，将投标文件送达到了指定地点，招标人拒收是错误的。正确做法是：检查密封是否合格，如果密封合格，应当接收投标文件。

事件二：招标人的做法是错误的。就纸质招标而言，投标人可以不参加开标会，投标人不参加开标会议不影响其投标有效性。根据《工程建设项目货物招标投标办法》第四十条："开标应当在招标文件确定的提交投标文件截止时间的同一时间公开进行；开标地点应当为招标文件中确定的地点。投标人或其授权代表有权出席开标会，也可以自主决定不参加开标会。"投标人对开标有异议的，应当在开标现场提出，招标人应当当场作出答复，并制作记录。因此，投标人A没有携带本人身份证，只能视同没有派人参加开标会，但投标文件的有效性不受影响，应当予以唱标，不予唱标是错误的。

但在电子招标投标的情况下，《电子招标投标办法》第二十九条规定："电子开标应当按照招标文件确定的时间，在电子招标投标交易平台上公开进行，所有投标人均应当准时在线参加开标。"可见，对于电子招标而言，投标人参加开标会是其法定义务，其不参加开标会，可能影响投标文件正常解密，若解密失败，则视为其撤回投标文件。

事件三：将投标人B的投标文件密封是否符合要求交评标委员会评审是错误的。《中华人民共和国招标投标法》第三十六条规定："开标时，由投标人或者其推选的代表检查投标文件的密封情况，也可以由招标人委托的公证机构检查并公证；经确认无误后，由工作人员当众拆封，宣读投标人名称、投标价格和投标文件的其他主要内容。招标人在招标文件要求提交投标文件的截止时间前收到的所有投标文件，开标时都应当当众予以拆封、宣读。"开标时如果发现投标文件没有密封，或发现曾被打开过的痕迹，应被认定为无效的投标，不予宣读。因此，投标文件的密封争议应当在受理环节或开标环节解决，评标委员会无权利和义务对投标文件的密封进行评审。案例中将投标人B的投标文件密封是否符合要求交评标委员会评审是错误的。

事件四：招标人当场宣布C的投标文件无效是错误的。开标由招标人或委托的代理机构主持，并依据投标文件的内容如实唱标和记录。对投标文件的评审是在评标阶段由评标委员会行使的权利。招标人在开标现场既不能对评审做出评价，也不能对投标合格与否作出判断。因此，案例中针对投标人C的投标函没有单位公章，招标人当场宣布C的投标文件无效是错误的，属于越权行为，招标人无权对投标文件做出评审意见。

事件五：招标人做法是错误的。针对投标人D的投标函上有两个投标报价，招标人应如实唱标。

事件六：招标人按照投标人E投标函上小写数值进行了唱标的做法是错误的。依据《评标委员会和评标办法暂行规定》第十九条的规定，投标文件中的大写金额和小写金额不一致的，以大写金额为准。因此，招标人应当按照投标人E投标函（正本）上的大写金额唱标即可。

事件七：评标委员会做法是错误的。《中华人民共和国招标投标法实施条例》第五十二条规定："投标文件中有含义不明确的内容、明显文字或者计算错误，评标委员会认为需要投标人作出必要澄清、说明的，应当书面通知该投标人。投标人的澄清、说明应当采用书面形式，并不得超出投标文件的范围或者改变投标文件的实质性内容。评标委员会不得暗示或者诱导投标人作出澄清、说明，不得接受投标人主动提出的澄清、说明。"因此，在案例中评标委员会参照投标人G开标后主动提供的对投标文件有关问题的说明进行评审是错误的。

事件八：评标委员会做法是错误的。《中华人民共和国招标投标法》第四十条规定："评标委员会应当按照招标文件确定的评标标准和方法，对投标文件进行评审和比较。"对工程建设项目来说，开标记录不能作为评标的依据。案例中投标人 H 投标函上的报价与唱标记录不一致，属于开标记录本身有问题，没有如实公布和记录投标文件的内容，事后发现应当实事求是地予以更正，并告知所有参加投标的投标人。评标委员会依据错误的唱标记录进行评审是不正确的。

事件九：评标委员会做法是正确的。评标委员会依据招标文件规定进行投标文件的密封合格性认定是正确的。

复习思考题

一、选择题

1.【单选题】关于中标和订立合同的说法，正确的是（　　）。

A. 招标人不得授权评标委员会直接确定中标人

B. 招标人和中标人应当自中标通知书发出之日起 20 日内，按照招标文件和中标人的投标文件订立书面合同

C. 招标人和中标人可以再行订立背离合同实质性内容的其他协议

D. 招标人根据评标委员会提出的书面评标报告和推荐的中标候选人确定中标人

2.【单选题】依法必须进行招标的项目，其评标委员会由招标人的代表和有关技术、经济等方面的专家组成，成员人数为五人以上单数，其中技术、经济等方面的专家不得少于成员总数的（　　）。

A. 二分之一　　　　B. 三分之一　　　　C. 三分之二　　　　D. 四分之三

3.【单选题】在评标过程中，投标文件澄清是投标人应（　　）的要求作出的。

A. 招标人　　　　B. 招标代理机构　　　C. 评标委员会　　　D. 投标人

4.【单选题】（　　）既是竞争结果的确定环节，也是发生异议、投诉、举报的环节。

A. 投标　　　　　B. 评标　　　　　C. 开标　　　　　D. 中标

5.【单选题】《中华人民共和国招标投标法》规定，招标人应当采取必要的措施，保证评标在严格保密的情况下进行，其严格保密的措施不包括（　　）。

A. 评标委员会成员在封闭状态下开展工作

B. 评标专家在评标期间不得与外界接触，对评标情况承担保密义务

C. 评标时间、地点保密

D. 评标委员会成员名单在中标结果确定前保密

6.【多选题】关于公开招标方式的说法，正确的有（　　）。

A. 评标的程序应当公开

B. 在中标结果确定前评标人的名单应当公开

C. 开标的程序应当公开

D. 评标的标准应当公开

E. 中标的结果应当公开

7.【多选题】关于评标委员会的说法，不正确的有(　　)。

A. 评标委员会中的专家应从事相关专业领域工作至少 10 年

B. 评标委员会成员的名单应当在开标前确定

C. 评标委员会中的技术专家不得多于成员总数的 2/3

D. 评标委员会成员人数为 5 人以上

E. 评标委员会中的专家一律采取随机抽取方式确定

二、简答题

1. 简述建设工程开标的程序。

2. 简述开标时投标文件无效的情形。

3. 简述掌握评标委员会的组成。

4. 简述常用两种评标方法。

5. 简述评标时否决投标文件的情形。

6. 简述中标的条件。

7. 简述中标的一般规定。

第五章
建设工程合同

 学习目标

知识目标：熟悉《中华人民共和国民法典》总则；掌握建设工程施工合同；熟悉建设工程监理合同；了解建设工程勘察合同，了解建设工程设计合同，熟悉建设工程材料设备采购合同。

能力目标：具备进行建设工程施工合同分析的能力。

素质目标：培养合同法律意识，维护社会经济秩序。

案例导入

程某与王某是朋友关系，王某因结婚急需用钱，遂从程某处借款 10 000 元。王某结婚宴请好友，在宴席上，其他好友对程某开玩笑说："都是朋友，这 10 000 元借什么，干脆给王某。"程某随口讲："那就算了。"王某也讲："我就不还了，算你送的。"时隔不久，程某因需用钱向王某催还借款 10 000 元。王某认为程某已当着众多好友说过送予自己，不用偿还，程某解释其是随口开玩笑。程某催要无果，遂提起诉讼，要求王某偿还借款。

人民法院受理后，依据《中华人民共和国民法典》第一百三十六条、第一百四十三条规定，判决王某归还该笔借款。

案例分析

该案涉及的是当事人意思表示是否真实的问题。《中华人民共和国民法典》第一百四十三条规定："民事法律行为有效的条件：（一）行为人具有相应的民事行为能力；（二）意思表示真实；（三）不违反法律、行政法规的强制性规定，不违背公序良俗。"

意思表示真实，一是行为人的意思表示要与其内心意思相一致；二是行为人的意思表示是行为人自愿作出的，不是受他人欺诈、胁迫或在有重大误解的情况下作出的。该案中，程某所作的赠与表示，根据当时的场合、语气，完全可以判断是在特定条件下的玩笑话，同其内在意思是不一致的，时隔不久程某向王某索款的行为就可以加以印证。

至于当时王某所作的表示接受的表示是否真实，无关紧要。因为赠与是双方法律行为，只要缺乏一方当事人的真实意思表示即不能成立。该案中，之所以不能认定双方当事人之间存在合法有效的赠与法律关系，正是因为缺乏一方当事人意思表示真实这一有效法律行为的要件。

第一节 《中华人民共和国民法典》总则简介

一、民法

民法是调整平等主体之间的财产关系和人身关系的法律规范的总称。民法是中国特色社会主义法律体系的重要组成部分，是民事领域的基础性、综合性法律，它规范各类民事主体的各种人身关系和财产关系，涉及社会和经济生活的方方面面，被称为"社会生活的百科全书"。

民法通过确立民事主体、民事权利、民事法律行为、民事责任等民事总则制度，确立物权、合同、人格权、婚姻家庭、继承、侵权责任等民事分则制度，来调整各类民事关系。民法与我国其他领域法律规范一起，支撑着国家制度和国家治理体系，是保证国家制度和国家治理体系正常有效运行的基础性法律规范。

二、《中华人民共和国民法典》总则

中华人民共和国
民法典

2020年5月28日第十三届全国人民代表大会第三次会议表决通过了《中华人民共和国民法典》，自2021年1月1日起施行。《中华人民共和国婚姻法》《中华人民共和国继承法》《中华人民共和国民法通则》《中华人民共和国收养法》《中华人民共和国担保法》《中华人民共和国合同法》《中华人民共和国物权法》《中华人民共和国侵权责任法》《中华人民共和国民法总则》同时废止。

《中华人民共和国民法典》共7编、1 260条，各编依次为总则、物权、合同、人格权、婚姻家庭、继承、侵权责任，以及附则。

《中华人民共和国民法典》第一编总则规定了民事活动必须遵循的基本原则和一般性规则，统领民法典各分编。总则分为：基本规定、自然人、法人、非法人组织、民事权利、民事法律行为、代理、民事责任、诉讼时效、期间计算共十章，204条。

总则指出了制定《中华人民共和国民法典》的目的是保护民事主体的合法权益，调整民事关系，维护社会和经济秩序，适应中国特色社会主义发展要求，弘扬社会主义核心价值观。总则也确立了民法的基本原则。

(1)民事主体在民事活动中的法律地位一律平等。

(2)民事主体从事民事活动，应当遵循自愿原则，按照自己的意思设立、变更、终止民事法律关系。

(3)民事主体从事民事活动，应当遵循公平原则，合理确定各方的权利和义务。

(3)民事主体从事民事活动，应当遵循诚信原则，秉持诚实，恪守承诺。

(4)民事主体从事民事活动，不得违反法律，不得违背公序良俗。

(5)民事主体从事民事活动，应当有利于节约资源、保护生态环境。

(6)处理民事纠纷，应当依照法律；法律没有规定的，可以适用习惯，但是不得违背公序良俗。

(7)其他法律对民事关系有特别规定的，依照其规定。

三、民事主体

民事主体是民事关系的参与者、民事权利的享有者、民事义务的履行者和民事责任的承担者。民事主体包括自然人、法人和非法人组织三类，具体如图 5-1 所示。

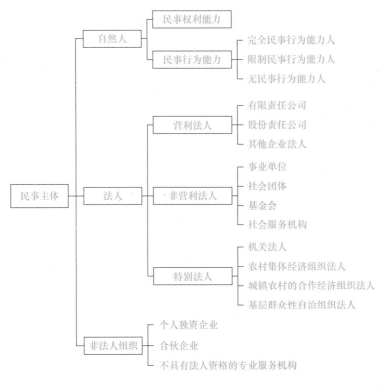

图 5-1　民事主体

(1)自然人。自然人是最基本的民事主体。自然人从出生时起到死亡时止，具有民事权利能力，依法享有民事权利，承担民事义务(表 5-1)。自然人的民事权利能力一律平等。

表 5-1　自然人民事主体的范围和民事行为能力

类型	范围	行为能力
完全民事行为能力人	年满 18 周岁的成年人；16 周岁以上的未成年人，以自己的劳动收入为主要生活来源的	可以独立实施民事法律行为

类型	范围	行为能力
限制民事行为能力人	8周岁以上的未成年人为限制民事行为能力人； 不能完全辨认自己行为的成年人	实施民事法律行为由其法定代理人代理或者经其法定代理人同意、追认；但是，可以独立实施纯获利益的民事法律行为或者与其年龄、智力相适应的民事法律行为
无民事行为能力人	不满8周岁的未成年人为无民事行为能力人	由其法定代理人代理实施民事法律行为

(2)法人。法人是具有民事权利能力和民事行为能力，依法独立享有民事权利和承担民事义务的组织。法人应当依法成立。法人应当有自己的名称、组织机构、住所、财产或经费。法人成立的具体条件和程序，依照法律、行政法规的规定。

设立法人，法律、行政法规规定须经有关机关批准的，依照其规定。法人的民事权利能力和民事行为能力，从法人成立时产生，到法人终止时消灭。法人以其全部财产独立承担民事责任。依照法律或者法人章程的规定，代表法人从事民事活动的负责人，为法人的法定代表人。法定代表人以法人名义从事的民事活动，其法律后果由法人承受。法定代表人因执行职务造成他人损害的，由法人承担民事责任。

(3)非法人组织。非法人组织是不具有法人资格，但是能够依法以自己的名义从事民事活动的组织。非法人组织包括个人独资企业、合伙企业、不具有法人资格的专业服务机构等。非法人组织应当依照法律的规定登记。

四、民事法律行为与代理

1. 民事法律行为

民事法律行为是民事主体通过意思表示设立、变更、终止民事法律关系的行为。民事法律行为可以基于双方或多方的意思表示一致成立，也可以基于单方的意思表示成立。法人、非法人组织依照法律或章程规定的议事方式和表决程序作出决议的，该决议行为成立。

民事法律行为可以采用书面形式、口头形式或其他形式；法律、行政法规规定或当事人约定采用特定形式的，应当采用特定形式。

民事法律行为自成立时生效，但是法律另有规定或者当事人另有约定的除外。行为人非依法律规定或未经对方同意，不得擅自变更或解除民事法律行为。

2. 民事法律行为的效力

具备下列条件的民事法律行为有效：

(1)行为人具有相应的民事行为能力。

(2)意思表示真实。意思表示真实，一是行为人的意思表示要与其内心意思相一致；二是行为人的意思表示是行为人自愿作出的，不是受他人欺诈、胁迫或在重大误解的情况下作出的。

(3)不违反法律、行政法规的强制性规定，不违背公序良俗。公序良俗是公共秩序和善良风俗的合称。公序良俗原则是现代民法中一项重要的法律原则，是指一切民事活动应当遵守公共秩序及善良风俗。在现代市场经济社会，它有维护国家社会一般利益及一般道德观念的重要功能。尤其是其中的善良风俗，在司法实践中发挥着巨大的作用。

无民事行为能力人实施的民事法律行为无效。限制民事行为能力人实施的纯获利益的民事法律行为或者与其年龄、智力、精神健康状况相适应的民事法律行为有效；实施的其他民事法律行为经法定代理人同意或者追认后有效。

行为人与相对人以虚假的意思表示实施的民事法律行为无效。以虚假的意思表示隐藏的民事法律行为的效力，依照有关法律规定处理。

3. 可撤销的民事法律行为

有下列情形之一的，当事人可请求人民法院或仲裁机构予以撤销：

（1）基于重大误解实施的民事法律行为，行为人有权请求人民法院或仲裁机构予以撤销。

（2）一方以欺诈手段，使对方在违背真实意思的情况下实施的民事法律行为，受欺诈方有权请求人民法院或者仲裁机构予以撤销。

（3）第三人实施欺诈行为，使一方在违背真实意思的情况下实施的民事法律行为，对方知道或者应当知道该欺诈行为的，受欺诈方有权请求人民法院或者仲裁机构予以撤销。

（4）一方或者第三人以胁迫手段，使对方在违背真实意思的情况下实施的民事法律行为，受胁迫方有权请求人民法院或者仲裁机构予以撤销。

（5）一方利用对方处于危困状态、缺乏判断能力等情形，致使民事法律行为成立时显失公平的，受损害方有权请求人民法院或者仲裁机构予以撤销。

4. 代理

代理是民事主体通过代理人实施民事法律行为的制度。代理人在代理权限内，以被代理人名义实施的民事法律行为，对被代理人发生效力。

《中华人民共和国民法典》第一百六十三条规定，代理包括委托代理和法定代理。

（1）委托代理。委托代理授权采用书面形式的，授权委托书应当载明代理人的姓名或者名称、代理事项、权限和期限，并由被代理人签名或者盖章。

（2）法定代理。法定代理是依据法律规定而产生代理权的代理。法定代理主要适用于被代理人为无行为能力人或者限制行为能力人的情况。法律作出这样的规定，一是为了保护处于特定情况下的民事主体的利益；二是为了维护交易安全。法定代理直接产生于法律的规定，而不是依赖于任何授权行为，故法定代理是一种保护被代理人的法律制度，具有保护被代理人民事权益的功能。

（3）代理终止。

①有下列情形之一的，委托代理终止：代理期限届满或者代理事务完成；被代理人取消委托或者代理人辞去委托；代理人丧失民事行为能力；代理人或者被代理人死亡；作为代理人或者被代理人的法人、非法人组织终止。

②有下列情形之一的，法定代理终止：被代理人取得或者恢复完全民事行为能力；代理人丧失民事行为能力；代理人或者被代理人死亡；法律规定的其他情形。

第二节　建设工程合同概述

一、建设工程合同概念

建设工程合同是指承包人进行工程建设，发包人支付价款的合同。建设工程合同包括建设工程勘察合同、建设工程设计合同、建设工程施工合同。建设工程合同是一类特殊的承揽合同，建设工程投资额度大、回收期长、安全性要求高、涉及面广，是重大固定资产投资活动。

1. 建设工程施工合同

建设工程施工合同是工程建设单位与施工单位，也就是发包方与承包方以完成商定的建设工程为目的，明确双方相互权利义务的协议。建设工程施工合同的发包方可以是法人，也可以是依法成立的非法人组织或自然人，而承包方必须是法人。

2. 建设工程勘察合同

建设工程勘察合同是指委托方与承包方为完成特定的勘察任务，明确相互权利义务关系而订立的合同。建设单位称为委托方，勘察单位称为承包方。

为了确保工程勘察的质量，勘察合同的承包方必须是经住房城乡建设主管部门批准，持有《勘察许可证》，具有法人资格的勘察单位。

3. 建设工程设计合同

建设工程设计合同是承包方进行工程设计，委托方支付价款的合同。建设单位或有关单位为委托方，建设工程设计单位为承包方。

工程设计合同的承包方必须是经住房城乡建设主管部门批准，持有《设计许可证》，具有法人资格的设计单位。

二、建设工程合同特点

1. 合同主体的严格性

建设工程合同主体一般只能是法人。发包人一般是经过批准进行工程项目建设的法人，具有国家批准的建设项目，投资计划已经落实，并且具备相应的协调能力；承包人则必须具备法人资格，而且应当具备相应的从事勘察、设计、施工等资质。无营业执照或无承包资质的单位不能作为建设工程合同的主体，资质等级低的单位不能越级承包建设工程。

2. 合同标的的特殊性

建设工程合同的标的是各类建筑产品，建筑产品是不动产，不能移动。这就决定了每个建设工程合同的标的都是特殊的，相互间具有不可替代性。

3. 合同履行期限的长期性

建设工程由于结构复杂、体积大、建筑材料类型多、工作量大，使得合同履行期限都较长。而且，建设工程合同的订立和履行一般都需要较长的准备期，在合同的履行过程中，还可能因为不可抗力、工程变更、材料供应不及时等原因而导致合同期限顺延。所有这些情况决定了建设工程合同的履行期限具有长期性。

4. 计划和程序的严格性

由于工程建设对国家的经济发展、公民的工作和生活都有重大的影响。因此，国家对建设工程的计划和程序都有严格的管理制度。建设工程合同的订立和履行必须符合国家关于建设程序的规定。

5. 合同形式的特殊要求

考虑到建设工程的重要性、复杂性和合同履行的长期性，同时，在履行过程中经常会发生影响合同履行的纠纷，因此，要求建设工程合同应当采用书面形式订立。

三、建设工程合同的主要合同关系

建筑工程项目是一个极为复杂的社会生产过程，它分别经历可行性研究、勘察设计、工程施工和运行等阶段；有建筑、土建、水电、机械设备、通信等专业设计和施工活动；需要各种材料、设备、资金和劳动力的供应。由于现代的社会化大生产和专业化分工，一个稍大一点的工程其参加单位就有十几个、几十个，甚至成百上千个，它们之间形成各式各样的经济关系。由于工程中维系这种关系的纽带是合同，所以，就有各式各样的合同形成了一个复杂的合同体系。工程项目的建设过程实质上又是一系列经济合同的签订和履行过程。

1. 业主的主要合同关系

业主作为工程(或服务)的买方，是工程的所有者，业主可能是政府、企业、其他投资者，或几个企业的组合，或政府与企业的组合(如合资项目、BOT项目的业主)。

业主投资一个项目，通常委派一个代理人(或代表)以业主的身份进行工程项目的经营管理。

业主根据对工程的需求确定工程项目的整体目标，这个目标是所有相关工程合同的核心。要实现工程总目标，业主必须将建设工程的勘察、设计、各专业工程施工、设备和材料供应、工程咨询、项目管理等工作委托出去，与有关单位签订如下合同：

(1)工程承包合同。任何一个工程都必须有工程承包合同。一份承包合同所包含的工程，或工作范围会有很大的差异。业主可以将工程施工分专业、分阶段委托，也可以将工程施工与材料和设备供应、设计、项目管理等工作以各种形式合并委托，也可采用"设计—采购—施工"总承包模式。

(2)勘察设计合同。勘察设计合同即业主与勘察设计单位签订的合同。勘察设计单位负责工程的地质勘察和技术设计工作。

(3)供应合同。对由业主负责提供的材料和设备，必须与有关的材料和设备供应单位签订供应(采购)合同。

(4)咨询(监理)合同。咨询(监理)合同即业主与咨询(监理)公司签订的合同。咨询(监理)公司负责工程的可行性研究、设计监理、招标和施工阶段监理等某一项或几项工作。

(5)项目管理合同。业主的项目管理模有多种形式。如业主自己管理，或聘请工程师管理，或派业主代表与工程师共同管理，或采用 CM 模式。

(6)贷款合同。贷款合同即业主与金融机构签订的合同。后者向业主提供资金保证。按照资金来源的不同，可能有贷款合同、合资合同或 BOT 合同等。

(7)其他合同。如业主负责签订的工程保险合同等。

2. 承包商的主要合同关系

承包商是工程施工的具体实施者，是工程承包合同的执行者。承包商通过投标接受业主的委托，签订工程承包合同。工程承包合同和承包商是任何建筑工程中都不可缺少的。承包商要完成承包合同的责任，包括由合同所确定工程范围的施工、竣工和保修，为完成这些工程提供劳动力、施工设备、材料，有时也包括技术设计。承包商不可能，也不必具备完成承包合同范围内所有施工任务的能力，可以将一些专业工程和工作委托出去。所以，承包商常常又有自己复杂的合同关系：

(1)分包合同。承包商在承包合同下可能订立许多分包合同，而分包商仅完成分包合同范围内的施工任务，向承包商负责，与业主无合同关系。承包商仍向业主担负全部工程责任，负责工程的管理和所属各分包商工作之间的协调，以及各分包商之间合同责任界面的划分，同时承担协调失误造成损失的责任，向业主承担工程风险。

在投标书中，承包商必须附上拟定的分包商名单，供业主审查。如果在工程施工中重新委托分包商，必须经过工程师(或业主代表)的批准。

(2)供应合同。承包商为工程所进行的必要的材料和设备的采购和供应，必须与供应商签订供应合同。

(3)运输合同。运输合同是承包商为解决材料和设备的运输问题而与运输单位签订的合同。

(4)承揽合同。承揽合同是承揽人按照定作人的要求完成工作，交付工作成果，定作人支付报酬的合同。承揽包括加工、定作、修理、复制、测试、检验等工作。

(5)租赁合同。在建筑工程中承包商需要许多施工设备、运输设备、周转材料。当有些设备、周转材料在现场使用率较低，或自己购置需要大量资金投入而自己又不具备这个经济实力时，可以采用租赁方式，与租赁单位签订租赁合同。

(6)劳务供应合同。劳务供应合同即承包商与劳务供应商之间签订的合同，由劳务供应商向工程提供劳务。

(7)保险合同。承包商按施工合同要求对工程进行保险，与保险公司签订保险合同。

第三节　建设工程施工合同的签订和履行

一、合同的订立

合同是民事主体之间设立、变更、终止民事法律关系的协议。依法成立的合同，受法律保护。依法成立的合同，仅对当事人具有法律约束力，但是法律另有规定的除外。

当事人订立合同，可以采用书面形式、口头形式或其他形式。书面形式是合同书、信件、电报、电传、传真等可以有形地表现所载内容的形式。以电子数据交换、电子邮件等方式能够有形地表现所载内容，并可以随时调取查用的数据电文，视为书面形式。

1. 合同的一般条款

合同的内容由当事人约定，一般包括下列条款：

(1)当事人的姓名或名称和住所；

(2)标的；

(3)数量；

(4)质量；

(5)价款或报酬；

(6)履行期限、地点和方式；

(7)违约责任；

(8)解决争议的方法。

当事人可以参照各类合同的示范文本订立合同。

2. 要约与要约邀请

当事人订立合同，可以采取要约、承诺方式或其他方式。要约是希望与他人订立合同的意思表示。该意思表示应当符合下列条件：

(1)内容具体确定；

(2)表明经受要约人承诺，要约人即受该意思表示约束。

要约邀请是希望他人向自己发出要约的表示。拍卖公告、招标公告、招股说明书、债券募集办法、基金招募说明书、商业广告和宣传、寄送的价目表等为要约邀请。商业广告和宣传的内容符合要约条件的，构成要约。

3. 合同成立的时间和地点

当事人采用合同书形式订立合同的，自当事人均签名、盖章或按指印时合同成立。在签名、盖章或按指印之前，当事人一方已经履行主要义务，对方接受时，该合同成立。法律、行政法规规定或者当事人约定合同应当采用书面形式订立，当事人未采用书面形式但是一方已经履行主要义务，对方接受时，该合同成立。

承诺生效的地点为合同成立的地点。采用数据电文形式订立合同的，收件人的主营业地为合同成立的地点；没有主营业地的，其住所地为合同成立的地点。当事人另有约定的，按照其约定。当事人采用合同书形式订立合同的，最后签名、盖章或按指印的地点为合同成立的地点，但是当事人另有约定的除外。

二、合同履行

1. 合同的效力

依法成立的合同，自成立时生效，但是法律另有规定或者当事人另有约定的除外。依照法律、行政法规的规定，合同应当办理批准等手续的，依照其规定。未办理批准等手续影响合同生效的，不影响合同中履行报批等义务条款及相关条款的效力。应当办理申请批准等手续的当事人未履行义务的，对方可以请求其承担违反该义务的责任。

2. 合同的履行

当事人应当按照约定全面履行自己的义务。当事人应当遵循诚信原则，根据合同的性质、目的和交易习惯履行通知、协助、保密等义务。当事人在履行合同过程中，应当避免浪费资源、污染环境和破坏生态。合同生效后，当事人就质量、价款或报酬、履行地点等内容没有约定或约定不明确的，可以协议补充；不能达成补充协议的，按照合同相关条款或交易习惯确定。

当事人就有关合同内容约定不明确，适用下列规定：

(1)质量要求不明确的，按照强制性国家标准履行；没有强制性国家标准的，按照推荐性国家标准履行；没有推荐性国家标准的，按照行业标准履行；没有国家标准、行业标准的，按照通常标准或者符合合同目的的特定标准履行。

(2)价款或者报酬不明确的，按照订立合同时履行地的市场价格履行；依法应当执行政府定价或者政府指导价的，依照规定履行。

(3)履行地点不明确，给付货币的，在接受货币一方所在地履行；交付不动产的，在不动产所在地履行；其他标的，在履行义务一方所在地履行。

(4)履行期限不明确的，债务人可以随时履行，债权人也可以随时请求履行，但是应当给对方必要的准备时间。

(5)履行方式不明确的，按照有利于实现合同目的的方式履行。

(6)履行费用的负担不明确的，由履行义务一方负担；因债权人原因增加的履行费用，由债权人负担。

三、建设工程施工合同的订立

工程项目发包时，发包人、承包人应当具备订立、履行施工合同的能力，并依法订立施工合同。施工合同应当采用合同书的形式订立。施工合同文件包括合同协议书、中标通知书(如果有)、投标书及其附件(如果有)、合同专用条款、合同通用条款、标准、规范及有关技术文件、图纸、工程量清单、工程报价单或者预算书等。发包人、承包人有关工程的洽商、变更等书面协议或者文件是施工合同的组成部分。

实行招标投标的工程，发包人和承包人应当自中标通知书发出之日起30日内，按照招标文件、中标人的投标文件和中标通知书订立施工合同。直接发包的工程，发包人和承包人应当在领取施工许可证前依法订立施工合同。

施工合同订立后，除依法变更外，发包人和承包人不得再行订立背离施工合同实质性内容的其他协议。

1. 订立施工合同应具备的条件

(1)初步设计已经批准；

(2)项目已列入年度建设计划；

（3）有能够满足施工需要的设计文件、技术资料；

（4）建设资金与主要设备来源已基本落实；

（5）招投标的工程，中标通知书已下达。

2. 订立施工合同应遵守的原则

（1）遵守国家的法律、法规的原则。

（2）平等、自愿、公平的原则。签订施工合同的双方当事人，有着平等的法律地位，任何一方都不得强迫对方接受不平等的合同条件。合同双方当事人有权决定是否订立施工合同，是否同意施工合同的内容，合同内容应当是双方当事人真实意思的体现。合同的内容应当是公平的，不能违反法律，也不能损害一方的利益，对于显失公平的施工合同，当事人一方有权申请人民法院或者仲裁机构变更或者撤销合同。

（3）诚实信用原则。诚实信用原则是对当事人道德方面的约束，要求在订立施工合同时要诚实，不得有欺诈行为，合同当事人应当实事求是地将自身和工程的情况介绍给对方。在履行合同时，施工合同当事人要守信用，严格按照合同规定履行合同。

第四节 《建设工程施工合同(示范文本)》简介

一、《建设工程施工合同(示范文本)》的组成

为规范和指导合同当事人的行为，完善合同管理制度，解决施工合同中存在的合同不规范、条款不完备、合同纠纷多等问题，建设部和原国家工商行政管理总局在 1991 年颁布了《建设工程施工合同(示范文本)》(GF—1991—0201)。为了规范建筑市场秩序，维护建设工程施工合同当事人的合法权益，也为了更好地适应经济、社会发展的需要，住房城乡建设部和原国家工商行政管理总局又分别于 1999 年、2013 年和 2017 年对《建设工程施工合同(示范文本)》进行了三次修订，现行使用的是《建设工程施工合同(示范文本)》(GF—2017—0201)(以下简称《示范文本》)。

《示范文本》由合同协议书、通用合同条款和专用合同条款三部分组成。

1. 合同协议书

《示范文本》合同协议书共计 13 条，主要包括工程概况、合同工期、质量标准、签约合同价和合同价格形式、项目经理、合同文件构成、承诺以及合同生效条件等重要内容，集中约定了合同当事人基本的合同权利义务。

《建设工程施工合同
(示范文本)》
(GF-2017-0201)

下面是合同协议书的全部内容：

第一部分 合同协议书

发包人(全称)：_____

承包人(全称)：_____

根据《中华人民共和国民法典》《中华人民共和国建筑法》及有关法律规定，遵循平等、

自愿、公平和诚实信用的原则，双方就＿＿＿＿＿＿＿＿＿＿＿工程施工及有关事项协商一致，共同达成如下协议：

一、工程概况

1. 工程名称：＿＿＿＿＿＿＿＿＿＿＿＿＿＿＿＿。

2. 工程地点：＿＿＿＿＿＿＿＿＿＿＿＿＿＿＿＿。

3. 工程立项批准文号：＿＿＿＿＿＿＿＿＿＿＿＿＿＿。

4. 资金来源：＿＿＿＿＿＿＿＿＿＿＿＿＿＿＿。

5. 工程内容：＿＿＿＿＿＿＿＿＿＿＿＿＿＿＿＿。

群体工程应附《承包人承揽工程项目一览表》（附件1）。

6. 工程承包范围：

＿＿＿＿＿＿＿＿＿＿＿＿＿＿＿＿＿＿＿＿＿＿＿＿＿＿＿＿＿＿＿＿＿＿＿＿＿＿

＿＿＿＿＿＿＿＿＿＿＿＿＿＿＿＿＿＿＿＿＿＿＿＿＿＿＿＿＿＿＿＿＿＿＿＿。

二、合同工期

计划开工日期：＿＿＿＿年＿＿＿月＿＿＿日。

计划竣工日期：＿＿＿＿年＿＿＿月＿＿＿日。

工期总日历天数：＿＿＿＿天。工期总日历天数与根据前述计划开竣工日期计算的工期天数不一致的，以工期总日历天数为准。

三、质量标准

工程质量符合＿＿＿＿＿＿＿＿＿＿＿＿＿＿标准。

四、签约合同价与合同价格形式

1. 签约合同价为：

人民币（大写）＿＿＿＿＿＿＿＿＿＿（＿＿＿＿＿＿元）；

其中：

(1)安全文明施工费：

人民币（大写）＿＿＿＿＿＿＿＿＿＿（＿＿＿＿＿＿元）；

(2)材料和工程设备暂估价金额：

人民币（大写）＿＿＿＿＿＿＿＿＿＿（＿＿＿＿＿＿元）；

(3)专业工程暂估价金额：

人民币（大写）＿＿＿＿＿＿＿＿＿＿（＿＿＿＿＿＿元）；

(4)暂列金额：

人民币（大写）＿＿＿＿＿＿＿＿＿＿（＿＿＿＿＿＿元）。

2. 合同价格形式：＿＿＿＿＿＿＿＿＿＿＿＿＿＿。

五、项目经理

承包人项目经理：＿＿＿＿＿＿＿＿＿＿＿＿＿＿。

六、合同文件构成

本协议书与下列文件一起构成合同文件：

(1)中标通知书（如果有）；

（2）投标函及其附录（如果有）；

（3）专用合同条款及其附件；

（4）通用合同条款；

（5）技术标准和要求；

（6）图纸；

（7）已标价工程量清单或预算书；

（8）其他合同文件。

在合同订立及履行过程中形成的与合同有关的文件均构成合同文件组成部分。

上述各项合同文件包括合同当事人就该项合同文件所作出的补充和修改，属于同一类内容的文件，应以最新签署的为准。专用合同条款及其附件须经合同当事人签字或盖章。

七、承诺

1.发包人承诺按照法律规定履行项目审批手续、筹集工程建设资金并按照合同约定的期限和方式支付合同价款。

2.承包人承诺按照法律规定及合同约定组织完成工程施工，确保工程质量和安全，不进行转包及违法分包，并在缺陷责任期及保修期内承担相应的工程维修责任。

3.发包人和承包人通过招投标形式签订合同的，双方理解并承诺不再就同一工程另行签订与合同实质性内容相背离的协议。

八、词语含义

本协议书中词语含义与第二部分通用合同条款中赋予的含义相同。

九、签订时间

本合同于_____年_____月_____日签订。

十、签订地点

本合同在_____签订。

十一、补充协议

合同未尽事宜，合同当事人另行签订补充协议，补充协议是合同的组成部分。

十二、合同生效

本合同自_____生效。

十三、合同份数

本合同一式_____份，均具有同等法律效力，发包人执_____份，承包人执_____份。

发包人：（公章）   承包人：（公章）

法定代表人或其委托代理人：   法定代表人或其委托代理人：

（签字）   （签字）

组织机构代码：_____   组织机构代码：_____

地址：_____   地址：_____

邮政编码：_____   邮政编码：_____

法定代表人：_____   法定代表人：_____

委托代理人：_____ 委托代理人：_____

电话：_____ 电话：_____

传真：_____ 传真：_____

电子信箱：_____ 电子信箱：_____

开户银行：_____ 开户银行：_____

账号：_____ 账号：_____

2. 通用合同条款

通用合同条款是合同当事人根据《中华人民共和国建筑法》《中华人民共和国民法典》等法律法规的规定，就工程建设的实施及相关事项，对合同当事人的权利义务作出的原则性约定。

通用合同条款共计 20 条，具体条款分别为一般约定、发包人、承包人、监理人、工程质量、安全文明施工与环境保护、工期和进度、材料与设备、试验与检验、变更、价格调整、合同价格、计量与支付、验收和工程试车、竣工结算、缺陷责任与保修、违约、不可抗力、保险、索赔和争议解决。前述条款安排既考虑了现行法律法规对工程建设的有关要求，也考虑了建设工程施工管理的特殊需要。

3. 专用合同条款

专用合同条款是对通用合同条款原则性约定的细化、完善、补充、修改或另行约定的条款。合同当事人可以根据不同建设工程的特点及具体情况，通过双方的谈判、协商对相应的专用合同条款进行修改补充。在使用专用合同条款时，应注意以下事项：

(1)专用合同条款的编号应与相应的通用合同条款的编号一致；

(2)合同当事人可以通过对专用合同条款的修改，满足具体建设工程的特殊要求，避免直接修改通用合同条款；

(3)在专用合同条款中有横道线的地方，合同当事人可针对相应的通用合同条款进行细化、完善、补充、修改或另行约定；如无细化、完善、补充、修改或另行约定，则填写"无"或划"/"。

4. 附件

《示范文本》的附件则是对施工合同当事人的权利、义务的进一步明确，其中，协议书附件 1 个，专业合同条款附件 10 个，具体附件如下：

(1)协议书附件。

附件 1：承包人承揽工程项目一览表

(2)专用合同条款附件。

附件 2：发包人供应材料设备一览表

附件 3：工程质量保修书

附件 4：主要建设工程文件目录

附件 5：承包人用于本工程施工的机械设备表

附件 6：承包人主要施工管理人员表

附件 7：分包人主要施工管理人员表

附件 8：履约担保格式

附件 9：预付款担保格式

附件 10：支付担保格式

附件 11：暂估价一览表

二、《示范文本》的性质和适用范围

《示范文本》为非强制性使用文本。《示范文本》适用于房屋建筑工程、土木工程、线路管道和设备安装工程、装修工程等建设工程的施工承发包活动，合同当事人可结合建设工程具体情况，根据《示范文本》订立合同，并按照法律法规规定和合同约定承担相应的法律责任及合同权利义务。

三、合同文件的优先顺序

组成合同的各项文件应互相解释，互为说明。除专用合同条款另有约定外，解释合同文件的优先顺序如下：

(1)合同协议书；

(2)中标通知书(如果有)；

(3)投标函及其附录(如果有)；

(4)专用合同条款及其附件；

(5)通用合同条款；

(6)技术标准和要求；

(7)图纸；

(8)已标价工程量清单或预算书；

(9)其他合同文件。

上述各项合同文件包括合同当事人就该项合同文件所作出的补充和修改，属于同一类内容的文件，应以最新签署的为准。

在合同订立及履行过程中形成的与合同有关的文件均构成合同文件组成部分，并根据其性质确定优先解释顺序。

四、发包人

发包人是指与承包人签订合同协议书的当事人及取得该当事人资格的合法继承人。

1. 许可或批准

发包人应遵守法律，并办理法律规定由其办理的许可、批准或备案，包括但不限于建设用地规划许可证、建设工程规划许可证、建设工程施工许可证、施工所需临时用水、临时用电、中断道路交通、临时占用土地等许可和批准。发包人应协助承包人办理法律规定的有关施工证件和批件。

任何建设工程在开工之前都必须向当地主管部门办理施工许可证，否则就视为违法。其他如临时占用道路，也必须办理临时占用证；在施工过程中需要对某段道路临时中断，由发包人向交通管理部门提出申请，由相关部门统筹安排。在施工中，爆破、机械打夯等特殊作业，可能会对周围的群众造成一定的影响或环境污染，必须得到相关部门批准通知后方能施工，并按要求采取相应的防护措施。

因发包人原因未能及时办理完毕前述许可、批准或备案，由发包人承担由此增加的费用和(或)延误的工期，并支付承包人合理的利润。

2. 发包人代表

发包人代表是指由发包人任命并派驻施工现场在发包人授权范围内行使发包人权利的人。

发包人应在专用合同条款中明确其派驻施工现场的发包人代表的姓名、职务、联系方式及授权范围等事项。发包人代表在发包人的授权范围内，负责处理合同履行过程中与发包人有关的具体事宜。发包人代表在授权范围内的行为由发包人承担法律责任。发包人更换发包人代表的，应提前7天书面通知承包人。

发包人代表不能按照合同约定履行其职责及义务，并导致合同无法继续正常履行的，承包人可以要求发包人撤换发包人代表。

不属于法定必须监理的工程，监理人的职权可以由发包人代表或发包人指定的其他人员行使。

3. 发包人人员

发包人应要求在施工现场的发包人人员遵守法律及有关安全、质量、环境保护、文明施工等规定，并保障承包人免于承受因发包人人员未遵守上述要求给承包人造成的损失和责任。发包人人员包括发包人代表及其他由发包人派驻施工现场的人员。

4. 施工现场、施工条件和基础资料的提供

(1)提供施工现场。除专用合同条款另有约定外，发包人应最迟于开工日期7天前向承包人移交施工现场。

(2)提供施工条件。除专用合同条款另有约定外，发包人应负责提供施工所需要的条件，包括以下几项：

①将施工用水、电力、通信线路等施工所必需的条件接至施工现场内。

②保证向承包人提供正常施工所需要的进入施工现场的交通条件。保证施工期间的物流通畅，如果现场在远郊或野外，必须考虑设备、材料等的进出，以及垃圾、余土等的外运，可以修建临时性公路，也可根据具体情况为了以后使用而修建永久性公路。

③协调处理施工现场周围地下管线和邻近建筑物、构筑物、古树名木的保护工作，并承担相关费用。

④按照专用合同条款约定应提供的其他设施和条件。

(3)提供基础资料。发包人应当在移交施工现场前向承包人提供施工现场及工程施工所必需的毗邻区域内供水、排水、供电、供气、供热、通信、广播电视等地下管线资料，气象和水文观测资料，地质勘察资料，相邻建筑物、构筑物和地下工程等有关基础资料，并对所提供资料的真实性、准确性和完整性负责。

发包人委托具有相应资质的勘察单位对工程现场的地质情况作出地质勘察报告，主要是提供给设计单位作为设计基础及地下建筑的依据。同时，地质勘察报告也需要在实际施工过程中进行验证，施工单位在对地下建筑部分做施工组织设计时也需要以地质勘察报告为基础依据。各类地下管线的资料，特别是在城区施工作业时，稍不注意就会产生很大的麻烦，甚至会影响整个工程项目的工期。在施工过程中，需要对地下管线进行改线的情况，应由发包人提前与相关部门进行沟通协商，及早解决，以保证工程的正常施工作业。

按照法律规定确需在开工后方能提供的基础资料，发包人应尽其努力及时地在相应工程施工前的合理期限内提供，合理期限应以不影响承包人的正常施工为限。

(4)逾期提供的责任。因发包人原因未能按合同约定及时向承包人提供施工现场、施工条件、基础资料的，由发包人承担由此增加的费用和(或)延误的工期。

5. 资金来源证明及支付担保

除专用合同条款另有约定外，发包人应在收到承包人要求提供资金来源证明的书面通知后 28 天内，向承包人提供能够按照合同约定支付合同价款的相应资金来源证明。

除专用合同条款另有约定外，发包人要求承包人提供履约担保的，发包人应当向承包人提供支付担保。支付担保可以采用银行保函或担保公司担保等形式，具体由合同当事人在专用合同条款中约定。

6. 支付合同价款

发包人应按合同约定向承包人及时支付合同价款。

7. 组织竣工验收

发包人应按合同约定及时组织竣工验收。

8. 现场统一管理协议

发包人应与承包人、由发包人直接发包的专业工程的承包人签订施工现场统一管理协议，明确各方的权利义务。施工现场统一管理协议作为专用合同条款的附件。

五、承包人

承包人在履行合同过程中应遵守法律和工程建设标准规范，并履行以下义务：

(1)办理法律规定应由承包人办理的许可和批准，并将办理结果书面报送发包人留存。

(2)按法律规定和合同约定完成工程，并在保修期内承担保修义务。

(3)按法律规定和合同约定采取施工安全和环境保护措施，办理工伤保险，确保工程及人员、材料、设备和设施的安全。

(4)按合同约定的工作内容和施工进度要求，编制施工组织设计和施工措施计划，并对所有施工作业和施工方法的完备性与安全可靠性负责。

(5)在进行合同约定的各项工作时，不得侵害发包人与他人使用公用道路、水源、市政管网等公共设施的权利，避免对邻近的公共设施产生干扰。承包人占用或使用他人的施工场地，影响他人作业或生活的，应承担相应责任。

（6）按照环境保护约定负责施工场地及其周边环境与生态的保护工作。

（7）按安全文明施工约定采取施工安全措施，确保工程及其人员、材料、设备和设施的安全，防止因工程施工造成的人身伤害和财产损失。

（8）将发包人按合同约定支付的各项价款专用于合同工程，且应及时支付其雇用人员工资，并及时向分包人支付合同价款。

（9）按照法律规定和合同约定编制竣工资料，完成竣工资料立卷及归档，并按专用合同条款约定的竣工资料的套数、内容、时间等要求移交发包人。

（10）应履行的其他义务。

六、项目经理

（1）项目经理应为合同当事人所确认的人选，并在专用合同条款中明确项目经理的姓名、职称、注册执业证书编号、联系方式及授权范围等事项，项目经理经承包人授权后代表承包人负责履行合同。项目经理应是承包人正式聘用的员工，承包人应向发包人提交项目经理与承包人之间的劳动合同，以及承包人为项目经理缴纳社会保险的有效证明。承包人不提交上述文件的，项目经理无权履行职责，发包人有权要求更换项目经理，由此增加的费用和(或)延误的工期由承包人承担。

项目经理应常驻施工现场，且每月在施工现场的时间不得少于专用合同条款约定的天数。项目经理不得同时担任其他项目的项目经理。项目经理确需离开施工现场时，应事先通知监理人，并取得发包人的书面同意。项目经理的通知中应当载明临时代行其职责的人员的注册执业资格、管理经验等资料，该人员应具备履行相应职责的能力。

承包人违反上述约定的，应按照专用合同条款的约定承担违约责任。

（2）项目经理按合同约定组织工程实施。在紧急情况下为确保施工安全和人员安全，在无法与发包人代表和总监理工程师及时取得联系时，项目经理有权采取必要的措施保证与工程有关的人身、财产和工程的安全，但应在48小时内向发包人代表和总监理工程师提交书面报告。

（3）承包人需要更换项目经理的，应提前14天书面通知发包人和监理人，并征得发包人书面同意。通知中应当载明继任项目经理的注册执业资格、管理经验等资料，继任项目经理继续履行合同约定的职责。未经发包人书面同意，承包人不得擅自更换项目经理。

承包人擅自更换项目经理的，应按照专用合同条款的约定承担违约责任。

（4）发包人有权书面通知承包人更换其认为不称职的项目经理，通知中应当载明要求更换的理由。承包人应在接到更换通知后14天内向发包人提出书面的改进报告。

发包人收到改进报告后仍要求更换的，承包人应在接到第二次更换通知的28天内进行更换，并将新任命的项目经理的注册执业资格、管理经验等资料书面通知发包人。

继任项目经理继续履行相关条款约定的职责。承包人无正当理由拒绝更换项目经理的，应按照专用合同条款的约定承担违约责任。

（5）项目经理因特殊情况授权其下属人员履行其某项工作职责的，该下属人员应具备履行相应职责的能力，并应提前 7 天将上述人员的姓名和授权范围书面通知监理人，并征得发包人书面同意。

七、分包

1. 分包的一般约定

承包人不得将其承包的全部工程转包给第三人，或将其承包的全部工程肢解后以分包的名义转给第三人。承包人不得将工程主体结构、关键性工作及专用合同条款中禁止分包的专业工程分包给第三人，主体结构、关键性工作的范围由合同当事人按照法律规定在专用合同条款中予以明确。

承包人不得以劳务分包的名义转包或违法分包工程。

2. 分包的确定

承包人应按专用合同条款的约定进行分包，确定分包人。已标价工程量清单或预算书中给定暂估价的专业工程，按照暂估价确定分包人。按照合同约定进行分包的，承包人应确保分包人具有相应的资质和能力。工程分包不减轻或免除承包人的责任和义务，承包人和分包人就分包工程向发包人承担连带责任。除合同另有约定外，承包人应在分包合同签订后 7 天内向发包人和监理人提交分包合同副本。

八、施工合同的争议解决

1. 和解

合同当事人可以就争议自行和解，自行和解达成协议的经双方签字并盖章后作为合同补充文件，双方均应遵照执行。

2. 调解

合同当事人可以就争议请求住房城乡建设主管部门、行业协会或其他第三方进行调解。调解达成协议的，经双方签字并盖章后作为合同补充文件，双方均应遵照执行。

3. 争议评审

合同当事人在专用合同条款中约定采取争议评审方式解决争议及评审规则，并按下列约定执行：

(1)争议评审小组的确定。合同当事人可以共同选择一名或三名争议评审员，组成争议评审小组。除专用合同条款另有约定外，合同当事人应当自合同签订后 28 天内，或者争议发生后 14 天内，选定争议评审员。

选择一名争议评审员的，由合同当事人共同确定；选择三名争议评审员的，各自选定一名，第三名成员为首席争议评审员，由合同当事人共同确定或由合同当事人委托已选定的争议评审员共同确定，或由专用合同条款约定的评审机构指定第三名首席争议评审员。

除专用合同条款另有约定外，评审员报酬由发包人和承包人各承担一半。

(2)争议评审小组的决定。合同当事人可在任何时间将与合同有关的任何争议共同提请争议评审小组进行评审。争议评审小组应秉持客观、公正原则，充分听取合同当事人的意见，依据相关法律、规范、标准、案例经验及商业惯例等，自收到争议评审申请报告后14天内作出书面决定，并说明理由。合同当事人可以在专用合同条款中对本项事项另行约定。

（3）争议评审小组决定的效力。争议评审小组作出的书面决定经合同当事人签字确认后，对双方具有约束力，双方应遵照执行。任何一方当事人不接受争议评审小组决定或不履行争议评审小组决定的，双方可选择采用其他争议解决方式。

4. 仲裁或诉讼

因合同及合同有关事项产生的争议，合同当事人可以在专用合同条款中约定以下一种方式解决争议：向约定的仲裁委员会申请仲裁；向有管辖权的人民法院起诉。

合同有关争议解决的条款独立存在，合同的变更、解除、终止、无效或被撤销均不影响其效力。

第五节　建设工程监理合同

一、建设工程监理合同概念

监理是指监理人受委托人的委托，依照法律法规、工程建设标准、勘察设计文件及合同，在施工阶段对建设工程质量、进度、造价进行控制，对合同、信息进行管理，对工程建设相关方的关系进行协调，并履行建设工程安全生产管理法定职责的服务活动。

建设工程监理合同是指委托人与监理人就委托的建设工程项目的监理管理为内容而签订的明确双方当事人权利和义务的协议。委托人是指监理合同中委托监理与相关服务的一方，以及其合法的继承人或受让人。监理人是指监理合同中提供监理与相关服务的一方，以及其合法的继承人。一般来说，委托人为建设单位，监理人为监理公司或项目管理公司。

二、《建设工程委托监理合同(示范文本)》

为规范建设工程监理活动，维护建设工程监理合同当事人的合法权益，住房和城乡建设部、原国家工商行政管理总局对《建设工程委托监理合同(示范文本)》(GF—2000—0202)进行了修订，制定了《建设工程监理合同(示范文本)》(GF—2012—0202)。

《建设工程监理合同(示范文本)》由协议书、通用条件和专用条件三个部分组成。

《建设工程监理合同
(示范文本)》
(GF-2012-0202)

1. 协议书

协议书的主要内容包括双方当事人确认的委托监理工程的概况(包括工程名称、地点、规模、投资额等)、词语限定、组成本合同的文件、总监理工程师、签约酬金、期限、双方承诺、合同订立等。

2. 通用条件

通用条件是监理合同的共性条款或通用条款，适用于各类建设工程项目监理，其内容包括：合同中所用词语定义、适用范围和法规；签约双方的责任、权利和义务；合同的生效、变更和终止；监理报酬；争议的解决及其他一些情况。

3. 专用条件

由于每个具体的工程项目都有其自身特点和要求，通用条件虽然可以适用于各类建设工程的监理，但不能完全满足每一个具体的工程项目监理的需要，所以还专门设置了专用条款，合同当事人双方根据建设工程项目的实际情况和需要，对通用条件进行补充、修正。专业条件是与通用条件相对应的，它不能单独使用，必须与通用条件结合在一起才能使用。

4. 监理合同的组成文件及解释顺序

组成监理合同的下列文件彼此应能相互解释、互为说明。除专用条件另有约定外，监理合同文件的解释顺序如下：

(1)协议书；

(2)中标通知书(适用于招标工程)或委托书(适用于非招标工程)；

(3)专用条件及附录 A、附录 B；

(4)通用条件；

(5)投标文件(适用于招标工程)或监理与相关服务建议书(适用于非招标工程)。

双方签订的补充协议与其他文件发生矛盾或歧义时，属于同一类内容的文件，应以最新签署的为准。

5. 监理人义务

除专用条件另有约定外，监理工作内容包括以下几项：

(1)收到工程设计文件后编制监理规划，并在第一次工地会议 7 天前报委托人。根据有关规定和监理工作需要，编制监理实施细则。

(2)熟悉工程设计文件，并参加由委托人主持的图纸会审和设计交底会议。

(3)参加由委托人主持的第一次工地会议；主持监理例会并根据工程需要主持或参加专题会议。

(4)审查施工承包人提交的施工组织设计，重点审查其中的质量安全技术措施、专项施工方案与工程建设强制性标准的符合性。

(5)检查施工承包人工程质量、安全生产管理制度及组织机构和人员资格。

(6)检查施工承包人专职安全生产管理人员的配备情况。

(7)审查施工承包人提交的施工进度计划，核查承包人对施工进度计划的调整。

(8)检查施工承包人的试验室。

(9)审核施工分包人资质条件。

(10)查验施工承包人的施工测量放线成果。

(11)审查工程开工条件，对条件具备的签发开工令。

(12)审查施工承包人报送的工程材料、构配件、设备质量证明文件的有效性和符合性，并按规定对用于工程的材料采取平行检验或见证取样方式进行抽检。

(13)审核施工承包人提交的工程款支付申请，签发或出具工程款支付证书，并报委托人审核、批准。

（14）在巡视、旁站和检验过程中，发现工程质量、施工安全存在事故隐患的，要求施工承包人整改并报委托人。

（15）经委托人同意，签发工程暂停令和复工令。

（16）审查施工承包人提交的采用新材料、新工艺、新技术、新设备的论证材料及相关验收标准。

（17）验收隐蔽工程、分部分项工程。

（18）审查施工承包人提交的工程变更申请，协调处理施工进度调整、费用索赔、合同争议等事项。

（19）审查施工承包人提交的竣工验收申请，编写工程质量评估报告。

（20）参加工程竣工验收，签署竣工验收意见。

（21）审查施工承包人提交的竣工结算申请并报委托人。

（22）编制、整理工程监理归档文件并报委托人。

6. 委托人义务

（1）告知。委托人应在委托人与承包人签订的合同中明确监理人、总监理工程师和授予项目监理机构的权限。如有变更，应及时通知承包人。

（2）提供资料。委托人应按照约定，无偿向监理人提供工程有关的资料。在本合同履行过程中，委托人应及时向监理人提供最新的与工程有关的资料。

（3）提供工作条件。委托人应为监理人完成监理与相关服务提供必要的条件。委托人应按照约定派遣相应的人员，提供房屋、设备供监理人无偿使用。委托人应负责协调工程建设中所有外部关系，为监理人履行本合同提供必要的外部条件。

第六节　建设工程勘察合同、设计合同

一、建设工程勘察合同、设计合同概述

建设工程勘察设计合同（以下简称勘察设计合同）是发包人与承包人为完成一定的勘察、设计任务，明确双方权利义务关系的协议。一般情况下，建设工程勘察合同与设计合同是两个合同，但这两个合同的特点和管理内容相似，因此，往往将这两个合同统称为建设工程勘察设计合同。

建设工程勘察设计合同的发包人应是法人或自然人，是建设单位或项目管理部门；承包人则必须具有法人资格，须是持有住房城乡建设主管部门办法的工程勘察设计资质证书、工程勘察设计收费资格证书和工商行政管理部门颁发的企业法人营业执照的工程勘察设计单位。

建设工程勘察设计合同有下列特点：

（1）需符合法定质量标准。勘察设计人应按国家技术规范、标准、规程和发包人的勘察设计任务书及其要求进行工程勘察与设计工作。发包人不得提出或指使勘察设计单位不按

法律、法规、工程建设强制性标准和设计程序进行勘察设计。

另外，工程设计工作具有专属性，工程设计修改必须由原设计单位负责完成，建设单位或施工单位不得擅自修改工程设计。

（2）交付成果多样化。与工程施工合同不同，勘察设计人通过自己的勘察设计行为，需要提交多样化的交付成果，一般包括结构计算书、图纸、实物模型、概预算文件、计算机软件和专利技术等智力性成果。

（3）分阶段支付报酬。勘察设计费计算方式可以采用中标价加签证、预算包干或实际完成工作量结算等。在实际工作中，由于勘察设计工作往往分阶段进行，分阶段交付勘察设计成果，勘察设计费也是按阶段支付。

（5）知识产权保护。在工程设计合同中，发包人按照合同支付设计人酬金；作为交换，设计人将设计成果交给发包人，因此，发包人一般拥有设计成果的财产权。除明示条款有相反约定外，设计人一般拥有发包人项目设计成果的著作权，双方当事人可以在合同中约定设计成果的著作权的归属。

发包人对勘察设计人交付的勘察设计资料不得擅自修改、复制或向第三人转让或用于本项目之外。勘察设计人也应保护发包人提供的资料和文件。未经发包人同意，不得擅自修改、复制或向第三人披露。

二、《建设工程勘察合同(示范文本)》简介

为了指导建设工程勘察合同当事人的签约行为，维护合同当事人的合法权益，依据《中华人民共和国民法典》《中华人民共和国建筑法》《中华人民共和国招标投标法》等相关法律法规的规定，住房和城乡建设部、原国家工商行政管理总局对《建设工程勘察合同（一）［岩土工程勘察、水文地质勘察（含凿井）、工程测量、工程物探］》(GF—2000—0203)及《建设工程勘察合同（二）［岩土工程设计、治理、监测］》(GF—2000—0204)进行修订，制定了《建设工程勘察合同(示范文本)》(GF—2016—0203)（以下简称《勘察合同(示范文本)》)。

《勘察合同(示范文本)》由合同协议书、通用合同条款和专用合同条款三部分组成。

（1）合同协议书共计12条，主要包括工程概况、勘察范围和阶段、技术要求及工作量、合同工期、质量标准、合同价款、合同文件构成、承诺、词语定义、签订时间、签订地点、合同生效和合同份数等内容，集中约定了合同当事人基本的合同权利义务。

（2）通用合同条款是合同当事人根据《中华人民共和国建筑法》《中华人民共和国招标投标法》等相关法律、法规的规定，就工程勘察的实施及相关事项对合同当事人的权利义务作出的原则性约定。通用合同条款具体包括一般约定、发包人、勘察人、工期、成果资料、后期服务、合同价款与支付、变更与调整、知识产权、不可抗力、合同生效与终止、合同解除、责任与保险、违约、索赔、争议解决及补充条款等，共计17条。上述条款安排既考虑了现行法律法规对工程建设的有关要求，也考虑了工程勘察管理的特殊需要。

（3）专用合同条款是对通用合同条款原则性约定的细化、完善、补充、修改或另行约定的条款。合同当事人可以根据不同建设工程的特点及具体情况，通过双方的谈判、协商对相应的专用合同条款进行修改补充。

《勘察合同(示范文本)》为非强制性使用文本，合同当事人可结合工程具体情况，根据《勘察合同(示范文本)》订立合同，并按照法律法规和合同约定履行相应的权利义务，承担相应的法律责任。《勘察合同(示范文本)》适用于岩土工程勘察、岩土工程设计、岩土工程物探/测试/检测/监测、水文地质勘察及工程测量等工程勘察活动。

三、勘察合同当事人的权利和义务

1. 发包人权利

(1)发包人对勘察人的勘察工作有权依照合同约定实施监督，并对勘察成果予以验收。

(2)发包人对勘察人无法胜任工程勘察工作的人员有权提出更换。

(3)发包人拥有勘察人为其项目编制的所有文件资料的使用权，包括投标文件、成果资料和数据等。

2. 发包人义务

(1)发包人应以书面形式向勘察人明确勘察任务及技术要求。

(2)发包人应提供开展工程勘察工作所需要的图纸及技术资料，包括总平面图、地形图、已有水准点和坐标控制点等，若上述资料由勘察人负责收集时，发包人应承担相关费用。

(3)发包人应提供工程勘察作业所需的批准及许可文件，包括立项批复、占用和挖掘道路许可等。

(4)发包人应为勘察人提供具备条件的作业场地及进场通道(包括土地征用、障碍物清除、场地平整、提供水电接口和青苗赔偿等)并承担相关费用。

(5)发包人应为勘察人提供作业场地内地下埋藏物(包括地下管线、地下构筑物等)的资料、图纸，没有资料、图纸的地区，发包人应委托专业机构查清楚地下埋藏物。若因发包人未提供上述资料、图纸，或提供的资料、图纸不实，致使勘察人在工程勘察工作过程中发生人身伤害或造成经济损失时，由发包人承担赔偿责任。

(6)发包人应按照法律法规规定为勘察人安全生产提供条件并支付安全生产防护费用，发包人不得要求勘察人违反安全生产管理规定进行作业。

(7)若勘察现场需要看守，特别是在有毒、有害等危险现场作业时，发包人应派人负责安全保卫工作；按国家有关规定，对从事危险作业的现场人员进行保健防护，并承担费用。发包人对安全文明施工有特殊要求时，应在专用合同条款中另行约定。

(8)发包人应对勘察人满足质量标准的已完工作，按照合同约定及时支付相应的工程勘察合同价款及费用。

3. 勘察人权利

(1)勘察人在工程勘察期间，根据项目条件和技术标准、法律法规规定等方面的变化，有权向发包人提出增减合同工作量或修改技术方案的建议。

(2)除建设工程主体部分的勘察外，根据合同约定或经发包人同意，勘察人可以将建设工程其他部分的勘察分包给其他具有相应资质等级的建设工程勘察单位。发包人对分包的特殊要求应在专用合同条款中另行约定。

（3）勘察人对其编制的所有文件资料，包括投标文件、成果资料、数据和专利技术等拥有知识产权。

4. 勘察人义务

（1）勘察人应按勘察任务书和技术要求并依据有关技术标准进行工程勘察工作。

（2）勘察人应建立质量保证体系，按本合同约定的时间提交质量合格的成果资料，并对其质量负责。

（3）勘察人在提交成果资料后，应为发包人继续提供后期服务。

（4）勘察人在工程勘察期间遇到地下文物时，应及时向发包人和文物主管部门报告并妥善保护。

（5）勘察人开展工程勘察活动时应遵守有关职业健康及安全生产方面的各项法律法规的规定，采取安全防护措施，确保人员、设备和设施的安全。

（6）勘察人在燃气管道、热力管道、动力设备、输水管道、输电线路、临街交通要道及地下通道（地下隧道）附近等风险性较大的地点，以及在易燃易爆地段及放射、有毒环境中进行工程勘察作业时，应编制安全防护方案并制定应急预案。

（7）勘察人应在勘察方案中列明环境保护的具体措施，并在合同履行期间采取合理措施保护作业现场环境。

四、《建设工程设计合同示范文本（房屋建筑工程）》简介

为了指导建设工程设计合同当事人的签约行为，维护合同当事人的合法权益，依据《中华人民共和国民法典》《中华人民共和国建筑法》《中华人民共和国招标投标法》及相关法律法规，住房和城乡建设部、工商总局对《建设工程设计合同（一）（民用建设工程设计合同）》（GF—2000—0209）进行了修订，制定了《建设工程设计合同示范文本（房屋建筑工程）》（GF—2015—0209）（以下简称《设计合同示范文本》）。

《设计合同示范文本》由合同协议书、通用合同条款和专用合同条款三部分组成。

（1）合同协议书共计12条，主要包括工程概况、工程设计范围、阶段与服务内容、工程设计周期、合同价格形式与签约价、发包人代表与设计人项目负责人、合同文件构成、承诺、词语含义、签订地点、补充协议、合同生效和合同份数等内容，集中约定了合同当事人基本的合同权利义务。

（2）通用合同条款包括一般约定、发包人、设计人、工程设计资料、工程设计要求、工程设计进度与周期、工程设计文件交付、工程设计文件审查、施工现场配合服务、合同价款与支付、工程设计变更与索赔、专业责任与保险、知识产权违约责任、不可抗力、合同解除、争议解决17条。

（3）专用合同条款是对通用合同条款原则性约定的细化、完善、补充、修改或另行约定的条款。合同当事人可以根据不同建设工程的特点及具体情况，通过双方的谈判、协商对相应的专用合同条款进行修改补充。

《设计合同（示范文本）》供合同双方当事人参照使用，可适用于方案设计招标投标、队

伍比选等形式下的合同订立。

《设计合同(示范文本)》适用于建设用地规划许可证范围内的建筑物构筑物设计、室外工程设计、民用建筑修建的地下工程设计和住宅小区、工厂厂前区、工厂生活区、小区规划设计与单体设计等,以及所包含的相关专业的设计内容(总平面布置、竖向设计、各类管网管线设计、景观设计、室内外环境设计及建筑装饰、道路、消防、智能、安保、通信、防雷、人防、供配电、照明、废水治理、空调设施、抗震加固等)等工程设计活动。

第七节　建设材料设备采购合同

一、建设材料设备采购合同的概念和特征

建设材料设备采购合同是指具有平等主体的自然人、法人、其他组织之间为实现建设工程材料设备的买卖,设立、变更、终止相互权利义务关系的协议。依据此协议,卖方将材料设备交付给买方,买方接收材料设备并支付相应价款。

建设材料设备采购合同属于买卖合同,除具有买卖合同的一般特点外,还有其自身特征,具体如下:

(1)建设材料设备采购合同应根据建设施工合同订立。建设工程施工合同确立了材料设备供应的协商条款。因此,材料设备采购合同必须以工程施工合同为基础,确定材料设备的种类、数量及依据工期要求进行材料设备的交付,满足建设项目施工需要。

(2)建设材料设备采购合同以转移财物和支付价款为基本内容。建设材料设备采购合同最基本的条款是双方应尽的主要义务,即卖方按合同明确的材料设备种类,保质保量、及时地将材料设备所有权转移给买方,而买方须按合同明确的合同价款及支付方式支付货款。

(3)建设材料设备采购合同的标的复杂。建设材料设备采购合同标的是各种建筑材料、设备,既包括钢材、混凝土等大宗物资,也包括设备,还包括诸多零星辅助材料,各种材料设备的质量、数量、价值差异大。因此,在合同中应对各种所需材料设备明确要求。

(4)建设材料设备采购合同应实际履行。

(5)建设材料设备采购合同应采用书面形式。

建设材料设备采购合同特点见表5-2。

表5-2　建设材料设备采购合同特点

项目	特点
当事人	买受人(采购人):发包人或承包人 出卖人(供货人):生产厂家或物资供应商
标的	品种繁多,供货条件差异较大
内容	建筑材料采购合同的条款:限于物资交货阶段; 大型设备采购合同:除交货阶段外,包括生产制造阶段、安装调试、设备试运行、设备性能达标检验和保修等
材料设备供应时间	与施工进度密切相关,提前或延误交货均不妥当

二、建设材料设备采购合同的分类

根据不同的分类标准，可将材料设备采购合同分为三类，具体如图 5-2 所示。

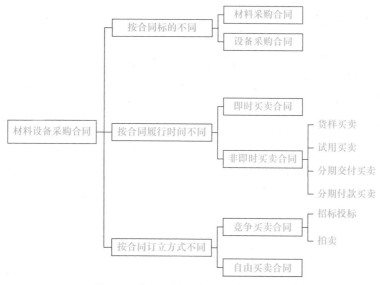

图 5-2　建设材料设备采购合同的分类

三、非即时买卖合同的要点

非即时买卖合同的要点见表 5-3。

表 5-3　非即时买卖合同的要点

分类	内涵
货样买卖	凭样品买卖的买受人不知道样品有隐蔽瑕疵的，即使交付的标的物与样品相同，出卖人交付的标的物质量仍然应当符合同种物的通常标准
试用买卖	试用期间双方可约定。试用期间届满，买受人对是否购买标的物未作表示的，视为购买
分期交付买卖	一批不合格，可解除此批及相影响的批次(包括已交付和未交付的)
分期付款买卖	分期付款未支付价款的 1/5 的，出卖人可以要求买受人支付全部价款或者解除合同。出卖人解除合同的，可以向买受人要求支付该标的物的使用费

【思考题】 建设工程材料设备采用非即时买卖合同的种类有(　　　)。

A. 货样买卖　　　　B. 分期交付买卖　　C. 试用买卖

D. 异地交付买卖　　E. 分期付款买卖

【参考答案】 ABCE

【解析】 本题为监理工程师 2015 年考试真题，考查的是材料设备采购合同的分类。非即时买卖合同的表现有很多种，在建设工程材料设备采购合同中有货样买卖、试用买卖、分期交付买卖和分期付款买卖。

四、材料、设备采购合同文本

材料、设备采购合同文本均由通用合同条款、专用合同条款和合同附件格式构成。材料、设备采购合同文本适用于依法必须招标的与工程建设有关的材料、设备采购项目。

材料、设备采购合同组成及合同文件的解释优先顺序如下：

(1)合同协议书；

(2)中标通知书；

(3)投标函；

(4)商务和技术偏差表；

(5)专用合同条款；

(6)通用合同条款；

(7)供货要求；

(8)分项报价表；

(9)中标材料质量标准的详细描述（中标设备质量标准的详细描述）；

(10)相关服务计划（技术服务和质保期服务计划）；

(11)其他合同文件。

复习思考题

一、选择题

1.【单选题】《中华人民共和国民法典》，自（   ）起施行。

    A. 2019 年 1 月 1 日   B. 2020 年 1 月 1 日

    C. 2021 年 1 月 1 日   D. 2022 年 1 月 1 日

2.【单选题】无营业执照或无承包资质的单位不能作为建设工程合同的主体，资质等级低的单位不能越级承包建设工程。这体现了建设工程施工合同的（   ）。

    A. 合同标的的特殊性   B. 合同履行期限的长期性

    C. 合同形式的特殊性   D. 合同主体的严格性

3.【单选题】实行招标投标的工程，发包人和承包人应当自中标通知书发出之日起（   ）日内，按照招标文件、中标人的投标文件和中标通知书订立施工合同。

    A. 15   B. 30

    C. 45   D. 60

4.【单选题】具有民事权利能力和民事行为能力，依法独立享有民事权利和承担民事义务的组织是（   ）。

    A. 法人   B. 自然人   C. 法人代表   D. 法定代表人

5. 【单选题】在施工合同中，项目经理是(　　)授权的，派驻施工场地的承包人的总负责人。

A. 发包人单位法定代表人
B. 承包人单位法定代表人
C. 总监理工程师
D. 发包人代表

6. 【单选题】根据《建设工程施工合同(示范文本)》(GF—2017—0201)，下列事项中属于承包人义务的是(　　)。

A. 提供施工场地
B. 办理土地征用
C. 在保修期内负责照管工程现场
D. 工程施工期内对施工现场的照管负责

7. 【单选题】关于隐蔽工程与重新检验的说法，下列不正确的是(　　)。

A. 工程师未能按规定时间提出延期要求，又未按时参加验收，承包人可自行组织验收，该检验视应视为工程师在场情况下进行的验收
B. 工程师没有参加验收，当其对某部分的工程质量有怀疑，不能要求承包人对已经隐蔽的工程进行重新检验
C. 无论工程师是否参加了验收，当其对某部分的工程质量有怀疑，均可要求承包人对已经隐蔽的工程进行重新检验
D. 重新检验表明质量不合格，承包人承担由此发生的费用和工期损失

8. 【多选题】根据《建设工程施工合同(示范文本)》(GF—2017—0201)，发包人应当完成的工作有(　　)。

A. 使施工现场具备施工条件
B. 提供施工场地的工程地质资料
C. 提供工程进度计划
D. 施工场地及其周边环境与生态的保护
E. 提供正常施工所需要的进入施工现场的交通条件

9. 【多选题】《建设工程施工合同(示范文本)》(GF—2017—0201)由(　　)组成。

A. 合同协议书
B. 工程质量保修书
C. 专用合同条款
D. 通用合同条款
E. 发包人供应材料设备一览表

10. 【多选题】关于建设工程材料设备采购合同特点的说法，下列正确的有(　　)。

A. 采购人可以是发包人，也可以是承包人
B. 可以不转移材料设备的所有权
C. 供货人只能是生产厂家
D. 不同合同内容繁简程度差异较大
E. 合同履行与施工进度密切相关

二、简答题

1. 简述订立施工合同必备的条件。

2. 简述《建设工程施工合同(示范文本)》的合同文件解释顺序。

3. 简述建设工程施工合同协议书的内容。

4. 简述建设工程施工合同发包人权利和义务。

5. 简述建设工程施工合同承包人权利和义务。

第六章
建设工程施工合同管理

⊕ 学习目标

知识目标：掌握建设工程质量的基本要求；熟悉工程参建各方质量责任与义务；掌握不合格工程的处理；掌握缺陷责任与保修；掌握建设工程最低保修期限；掌握竣工验收的条件及程序；掌握变更价款的确定；掌握风险管理对策。

能力目标：能够利用《示范文本》和法律法规，进行施工合同管理工作。

素质目标：具备良好的合同管理意识，维护好自身合法权益。

📖 案例导入

某房地产开发公司新建住宅楼工程。招标文件规定，工程为砖混结构，条形基础，地上5层，工期265天，固定总价合同模式。至投标阶段工程施工图设计尚未全部完成。在此过程中发生如下事件：

事件一：施工单位中标价格为1350万元。但是双方经3轮艰苦谈判，最终确定合同价为1200万元，并据此签订了施工承包合同。

事件二：在投标过程中，施工单位未到现场进行勘察，认为工程结构简单并且对施工现场、周围环境非常熟悉，另外考虑工期不到1年，市场材料价格不会发生太大的变化，于是按照企业以往积累的经验编制标书。

事件三：部分合同条款中规定：(1)施工单位按照开发公司批准的施工组织设计组织施工，施工单位不承担因此引起的工期延误和费用增加责任；(2)开发公司向施工单位提供场地的工程地质和主要管线资料，供施工单位参考使用。

【问题】

1. 事件一中开发公司的做法是否正确？为什么？

2. 事件二中施工单位承担的风险是哪些？

3. 指出事件三中合同条款的不妥之处？并说明正确做法。

1. 事件一中，开发公司的做法不正确。因为《中华人民共和国招标投标法》规定，建设项目中标后，双方不得签订违背中标结果的事项。因为中标价是1 350万元，所以，合同价格应当是1 350万元。

2. 事件二中，因为开发公司应提供的施工图纸没有完成设计，而且施工单位也没有到现场实地勘察，因此，施工单位会承担多种风险，分别是工程量计算失误的风险、单价计算失误的风险、工期延误的风险、工程质量风险。

3. 事件三中，开发公司向施工单位提供场地的工程地质和主要管线资料，供施工单位参考使用的做法不妥。正确做法是开发公司应该向施工单位提供准确、真实、全面、完整的工程地质和主要管线资料，作为施工单位施工的依据。

第一节　建设工程施工合同质量管理

建设工程质量是指在国家现行的有关法律、法规、技术标准、设计文件和合同中，对工程的安全、适用、经济、环保、美观等特性的综合要求。建设工程质量包括在安全、使用功能、耐久性、环境保护等方面满足所有明示和隐含的需要及期望能力的特性总和。其质量特性主要体现在由施工形成的建筑工程的适用性、安全性、耐久性、可靠性、经济性及与环境的协调性六个方面。它关系到建设项目的投资效益，也关系到人民群众的生命财产安全。

工程施工中的质量控制是合同履行中的重要环节，施工合同的质量控制涉及多个方面因素，需通盘加以考虑控制。

一、工程质量

工程质量标准必须符合现行国家有关工程施工质量验收规范和标准的要求。有关工程质量的特殊标准或要求由合同当事人在专用合同条款中约定。

建设工程质量的基本要求如下：

(1)符合《建筑工程施工质量验收统一标准》(GB 50300—2013)和相关专业验收规范的规定，这是国家法律、法规的要求。

(2)符合工程勘探、设计文件的要求，这是勘探、设计对施工提出的要求。

(3)符合施工承包合同的约定，这是施工承包合同约定的要求。

因发包人原因造成工程质量未达到合同约定标准的，由发包人承担由此增加的费用和(或)延误的工期，并支付承包人合理的利润。

因承包人原因造成工程质量未达到合同约定标准的，发包人有权要求承包人返工直至工程质量达到合同约定的标准为止，并由承包人承担由此增加的费用和(或)延误的工期。

二、工程参建各方质量责任与义务

1. 建设单位的质量责任和义务

(1)应当将工程发包给具有相应资质等级的单位,不得将建设工程肢解发包。

(2)必须向有关的勘察、设计、施工、工程监理等单位提供与建设工程有关的原始资料。原始资料必须真实、准确、齐全。

(3)建设工程发包时,不得迫使承包方以低于成本的价格竞标,不得任意压缩合理工期。不得明示或者暗示设计单位或者施工单位违反工程建设强制性标准,降低建设工程质量。

(4)施工图设计文件未经审查批准的,不得使用。施工图设计文件审查的具体办法,由国务院住房城乡建设主管部门、国务院其他有关部门制定。

(5)在建设工程开工前,应当按照国家有关规定办理工程质量监督手续,工程质量监督手续可以与施工许可证或者开工报告合并办理。

(6)涉及建筑主体和承重结构变动的装修工程,应当在施工前委托原设计单位或具有相应资质等级的设计单位提出设计方案;没有设计方案的,不得施工。房屋建筑使用者在装修过程中,不得擅自变动房屋建筑主体和承重结构。

(7)建设工程竣工验收应当具备下列条件:完成建设工程设计和合同约定的各项内容;有完整的技术档案和施工管理资料;有工程使用的主要建筑材料、建筑构配件和设备的进场试验报告;有勘察、设计、施工、工程监理等单位分别签署的质量合格文件;有施工单位签署的工程保修书。

2. 勘察、设计单位的质量责任和义务

(1)应当依法取得相应等级的资质证书,并在其资质等级许可的范围内承揽工程。禁止超越其资质等级许可的范围或以其他勘察单位的名义承揽工程。禁止允许其他单位或者个人以本单位的名义承揽工程。不得转包或违法分包所承揽的工程。

(2)必须按照工程建设强制性标准进行勘察,并对其勘察的质量负责。

(3)在设计文件中选用的建筑材料、建筑构配件和设备,应当注明规格、型号、性能等技术指标,其质量要求必须符合国家规定的标准。除有特殊要求的建筑材料、专用设备、工艺生产线等外,不得指定生产厂、供应商。

(4)应当就审查合格的施工图设计文件向施工单位作出详细说明。

3. 施工单位的质量责任和义务

(1)应当依法取得相应等级的资质证书,并在其资质等级许可的范围内承揽工程。禁止超越本单位资质等级许可的业务范围或者以其他施工单位的名义承揽工程。禁止允许其他单位或者个人以本单位的名义承揽工程。不得转包或者违法分包工程。

(2)对建设工程的施工质量负责。应当建立质量责任制,确定工程项目的项目经理、技术负责人和施工管理负责人。建设工程实行总承包的,总承包单位应当对全部建设工程质量负责;建设工程勘察、设计、施工、设备采购的一项或者多项实行总承包的,总承包单

位应当对其承包的建设工程或者采购的设备的质量负责。

（3）总承包单位依法将建设工程分包给其他单位的，分包单位应当按照分包合同的约定对其分包工程的质量向总承包单位负责，总承包单位与分包单位对分包工程的质量承担连带责任。

（4）必须按照工程设计图纸和施工技术标准施工，不得擅自修改工程设计，不得偷工减料。在施工过程中发现设计文件和图纸有差错的，应当及时提出意见和建议。

4. 工程监理单位的质量责任和义务

（1）应当依法取得相应等级的资质证书，并在其资质等级许可的范围内承担工程监理业务。禁止超越本单位资质等级许可的范围或者以其他工程监理单位的名义承担工程监理业务，禁止允许其他单位或者个人以本单位的名义承担工程监理业务，不得转让工程监理业务。

（2）与被监理工程的施工承包单位以及建筑材料、建筑构配件和设备供应单位有隶属关系或者其他利害关系的，不得承担该项建设工程的监理业务。

（3）应当选派具备相应资格的总监理工程师和监理工程师进驻施工现场。未经监理工程师签字，建筑材料、建筑构配件和设备不得在工程上使用或者安装，施工单位不得进行下一道工序的施工。未经总监理工程师签字，建设单位不拨付工程款，不进行竣工验收。

5. 工程质量检测单位的质量责任和义务

（1）质量检测试样的取样应当严格执行有关工程建设标准和国家有关规定，在建设单位或工程监理单位监督下现场取样。提供质量检测试样的单位和个人，应当对试样的真实性负责。

（2）完成检测业务后，应当及时出具检测报告。检测报告经检测人员签字、检测机构法定代表人或其授权的签字人签署，并加盖检测机构公章或检测专用章后方可生效。检测报告经建设单位或者工程监理单位确认后，由施工单位归档。见证取样检测的检测报告中应当注明见证人单位及姓名。

（3）不得转包检测业务。检测人员不得同时受聘于两个或者两个以上的检测机构。检测机构和检测人员不得推荐或监制建筑材料、构配件和设备。检测机构不得与行政机关，法律、法规授权的具有管理公共事务职能的组织，以及所检测工程项目相关的设计单位、施工单位、监理单位有隶属关系或其他利害关系。

（4）应当对其检测数据和检测报告的真实性与准确性负责。检测机构违反法律、法规和工程建设强制性标准，给他人造成损失的，应当依法承担相应的赔偿责任。

三、材料与设备

1. 发包人供应材料与工程设备

发包人自行供应材料、工程设备的，应在签订合同时在专用合同条款的附件"发包人供应材料设备一览表"中明确材料、工程设备的品种、规格、型号、数量、单价、质量等级和送达地点。

2. 承包人采购材料与工程设备

承包人负责采购材料、工程设备的,应按照设计和有关标准要求采购,并提供产品合格证明及出厂证明,对材料、工程设备质量负责。合同约定由承包人采购的材料、工程设备,发包人不得指定生产厂家或供应商,发包人违反本款约定指定生产厂家或供应商的,承包人有权拒绝,并由发包人承担相应责任。

3. 材料与工程设备的接收与拒收

(1)发包人应按"发包人供应材料设备一览表"约定的内容提供材料和工程设备,并向承包人提供产品合格证明及出厂证明,对其质量负责。发包人应提前24 h以书面形式通知承包人、监理人材料和工程设备到货时间,承包人负责材料和工程设备的清点、检验与接收。

发包人提供的材料和工程设备的规格、数量或质量不符合合同约定的,或因发包人原因导致交货日期延误或交货地点变更等情况的,按照合同约定办理。

(2)承包人采购的材料和工程设备,应保证产品质量合格,承包人应在材料和工程设备到货前24 h通知监理人检验。承包人进行永久设备、材料的制造和生产的,应符合相关质量标准,并向监理人提交材料的样本及有关资料,并应在使用该材料或工程设备之前获得监理人同意。

承包人采购的材料和工程设备不符合设计或有关标准要求时,承包人应在监理人要求的合理期限内将不符合设计或有关标准要求的材料、工程设备运出施工现场,并重新采购符合要求的材料、工程设备,由此增加的费用和(或)延误的工期由承包人承担。

4. 材料与工程设备的保管与使用

(1)发包人供应材料与工程设备的保管与使用。发包人供应的材料和工程设备,承包人清点后由承包人妥善保管,保管费用由发包人承担,但已标价工程量清单或预算书已经列支或专用合同条款另有约定除外。因承包人原因发生丢失毁损的,由承包人负责赔偿;监理人未通知承包人清点的,承包人不负责材料和工程设备的保管,由此导致丢失毁损的由发包人负责。

发包人供应的材料和工程设备使用前,由承包人负责检验,检验费用由发包人承担,不合格的不得使用。

(2)承包人采购材料与工程设备的保管与使用。承包人采购的材料和工程设备由承包人妥善保管,保管费用由承包人承担。法律规定材料和工程设备使用前必须进行检验或试验的,承包人应按监理人的要求进行检验或试验,检验或试验费用由承包人承担,不合格的不得使用。

发包人或监理人发现承包人使用不符合设计或有关标准要求的材料和工程设备时,有权要求承包人进行修复、拆除或重新采购,由此增加的费用和(或)延误的工期,由承包人承担。

5. 禁止使用不合格的材料和工程设备

(1)监理人有权拒绝承包人提供的不合格材料或工程设备,并要求承包人立即进行更换。监理人应在更换后再次进行检查和检验,由此增加的费用和(或)延误的工期由承包人承担。

（2）监理人发现承包人使用了不合格的材料和工程设备，承包人应按照监理人的指示立即改正，并禁止在工程中继续使用不合格的材料和工程设备。

（3）发包人提供的材料或工程设备不符合合同要求的，承包人有权拒绝，并可要求发包人更换，由此增加的费用和（或）延误的工期由发包人承担，并支付承包人合理的利润。

四、试验与检验

1. 试验设备与试验人员

（1）承包人根据合同约定或监理人指示进行的现场材料试验，应由承包人提供试验场所、试验人员、试验设备及其他必要的试验条件。监理人在必要时可以使用承包人提供的试验场所、试验设备及其他试验条件，进行以工程质量检查为目的的材料复核试验，承包人应予以协助。

（2）承包人应按专用合同条款的约定提供试验设备、取样装置、试验场所和试验条件，并向监理人提交相应的进场计划表。

承包人配置的试验设备要符合相应试验规程的要求并经过具有资质的检测单位检测，且在正式使用该试验设备前，需要经过监理人与承包人共同校定。

（3）承包人应向监理人提交试验人员的名单及其岗位、资格等证明资料，试验人员必须能够熟练进行相应的检测试验，承包人对试验人员的试验程序和试验结果的正确性负责。

2. 取样

试验属于自检性质的，承包人可以单独取样。试验属于监理人抽检性质的，可由监理人取样，也可由承包人的试验人员在监理人的监督下取样。

3. 材料、工程设备和工程的试验和检验

（1）承包人应按合同约定进行材料、工程设备和工程的试验和检验，并为监理人对上述材料、工程设备和工程的质量检查提供必要的试验资料与原始记录。按合同约定应由监理人与承包人共同进行试验和检验的，由承包人负责提供必要的试验资料和原始记录。

（2）试验属于自检性质的，承包人可以单独进行试验。试验属于监理人抽检性质的，监理人可以单独进行试验，也可由承包人与监理人共同进行。承包人对由监理人单独进行的试验结果有异议的，可以申请重新共同进行试验。约定共同进行试验的，监理人未按照约定参加试验的，承包人可自行试验，并将试验结果报送监理人，监理人应承认该试验结果。

（3）监理人对承包人的试验和检验结果有异议的，或为查清承包人试验和检验成果的可靠性要求承包人重新试验和检验的，可由监理人与承包人共同进行。

重新试验和检验的结果证明该项材料、工程设备或工程的质量不符合合同要求的，由此增加的费用和（或）延误的工期由承包人承担；重新试验和检验结果证明该项材料、工程设备和工程符合合同要求的，由此增加的费用和（或）延误的工期由发包人承担。

（4）现场工艺试验。承包人应按合同约定或监理人指示进行现场工艺试验。对大型的现场工艺试验，监理人认为必要时，承包人应根据监理人提出的工艺试验要求，编制工艺试

验措施计划，报送监理人审查。

五、不合格工程的处理

因承包人原因造成工程不合格的，发包人有权随时要求承包人采取补救措施，直至达到合同要求的质量标准，由此增加的费用和（或）延误的工期由承包人承担。因发包人原因造成工程不合格的，由此增加的费用和（或）延误的工期由发包人承担，并支付承包人合理的利润。

合同当事人对工程质量有争议的，由双方协商确定的工程质量检测机构鉴定，由此产生的费用及因此造成的损失，由责任方承担。合同当事人均有责任的，由双方根据其责任分别承担。

六、验收

1. 分部分项工程验收

（1）分部分项工程质量应符合国家有关工程施工验收规范、标准及合同约定，承包人应按照施工组织设计的要求完成分部分项工程施工。

（2）除专用合同条款另有约定外，分部分项工程经承包人自检合格并具备验收条件的，承包人应提前 48 h 通知监理人进行验收。监理人不能按时进行验收的，应在验收前 24 h 向承包人提交书面延期要求，但延期不能超过 48 h。监理人未按时进行验收，也未提出延期要求的，承包人有权自行验收，监理人应认可验收结果。分部分项工程未经验收的，不得进入下一道工序施工。

分部分项工程的验收资料应当作为竣工资料的组成部分。

2. 竣工验收

（1）竣工验收条件。工程具备以下条件的，承包人可以申请竣工验收：

①除发包人同意的甩项工作和缺陷修补工作外，合同范围内的全部工程以及有关工作，包括合同要求的试验、试运行以及检验均已完成，并符合合同要求。

②已按合同约定编制了该项工作和缺陷修补工作清单及相应的施工计划。

③已按合同约定的内容和份数备齐竣工资料。

（2）竣工验收程序。除专用合同条款另有约定外，承包人申请竣工验收的，应当按照以下程序进行：

①承包人向监理人报送竣工验收申请报告，监理人应在收到竣工验收申请报告后 14 天内完成审查并报送发包人。监理人审查后认为尚不具备验收条件的，应通知承包人在竣工验收前承包人还需完成的工作内容，承包人应在完成监理人通知的全部工作内容后，再次提交竣工验收申请报告。

②监理人审查后认为已具备竣工验收条件的，应将竣工验收申请报告提交发包人，发包人应在收到经监理人审核的竣工验收申请报告后 28 天内审批完毕并组织监理人、承包人、设计人等相关单位完成竣工验收。

③竣工验收合格的，发包人应在验收合格后 14 天内向承包人签发工程接收证书。发包

人无正当理由逾期不颁发工程接收证书的，自验收合格后第 15 天起视为已颁发工程接收证书。

④竣工验收不合格的，监理人应按照验收意见发出指示，要求承包人对不合格工程返工、修复或采取其他补救措施，由此增加的费用和(或)延误的工期由承包人承担。承包人在完成不合格工程的返工、修复或采取其他补救措施后，应重新提交竣工验收申请报告，并按本项约定的程序重新进行验收。

⑤工程未经验收或验收不合格，发包人擅自使用的，应在转移占有工程后 7 天内向承包人颁发工程接收证书；发包人无正当理由逾期不颁发工程接收证书的，自转移占有后第 15 天起视为已颁发工程接收证书。

除专用合同条款另有约定外，发包人不按照本项约定组织竣工验收、颁发工程接收证书的，每逾期一天，应以签约合同价为基数，按照中国人民银行发布的同期同类贷款基准利率支付违约金。

(3)竣工日期。工程经竣工验收合格的，以承包人提交竣工验收申请报告之日为实际竣工日期，并在工程接收证书中载明；因发包人原因，未在监理人收到承包人提交的竣工验收申请报告 42 天内完成竣工验收，或完成竣工验收不予签发工程接收证书的，以提交竣工验收申请报告的日期为实际竣工日期；工程未经竣工验收，发包人擅自使用的，以转移占有工程之日为实际竣工日期。

(4)拒绝接收全部或部分工程。对于竣工验收不合格的工程，承包人完成整改后，应当重新进行竣工验收，经重新组织验收仍不合格的且无法采取措施补救的，则发包人可以拒绝接收不合格工程，因不合格工程导致其他工程不能正常使用的，承包人应采取措施确保相关工程的正常使用，由此增加的费用和(或)延误的工期由承包人承担。

(5)移交、接收全部与部分工程。除专用合同条款另有约定外，合同当事人应当在颁发工程接收证书后 7 天内完成工程的移交。

七、缺陷责任与保修

1. 工程保修的原则

在工程移交发包人后，因承包人原因产生的质量缺陷，承包人应承担质量缺陷责任和保修义务。缺陷责任期届满，承包人仍应按合同约定的工程各部位保修年限承担保修义务。

2. 缺陷责任期

(1)缺陷责任期自实际竣工日期起计算，合同当事人应在专用合同条款约定缺陷责任期的具体期限，但该期限最长不超过 24 个月。

单位工程先于全部工程进行验收，经验收合格并交付使用的，该单位工程缺陷责任期自单位工程验收合格之日起算。因发包人原因导致工程无法按合同约定期限进行竣工验收的，缺陷责任期自承包人提交竣工验收申请报告之日起开始计算；发包人未经竣工验收擅自使用工程的，缺陷责任期自工程转移占有之日起开始计算。

(2)工程竣工验收合格后，因承包人原因导致的缺陷或损坏致使工程、单位工程或某项主要设备不能按原定目的使用的，则发包人有权要求承包人延长缺陷责任期，并应在原缺陷责任期届满前发出延长通知，但缺陷责任期最长不能超过24个月。

（3）任何一项缺陷或损坏修复后，经检查证明其影响了工程或工程设备的使用性能，承包人应重新进行合同约定的试验和试运行，试验和试运行的全部费用应由责任方承担。

（4）除专用合同条款另有约定外，承包人应于缺陷责任期届满后7天内向发包人发出缺陷责任期届满通知，发包人应在收到缺陷责任期满通知后14天内核实承包人是否履行缺陷修复义务，承包人来能履行缺陷修复义务的，发包人有权扣除相应金额的维修费用。发包人应在收到缺陷责任期届满通知后14天内，向承包人颁发缺陷责任期终止证书。

3. 质量保证金

经合同当事人协商一致扣留质量保证金的，应在专用合同条款中予以明确。

（1）承包人提供质量保证金的方式。承包人提供质量保证金有以下三种方式：

①质量保证金保函。

②相应比例的工程款。

③双方约定的其他方式。

除专用合同条款另有约定外，质量保证金原则上采用上述第①种方式。

（2）质量保证金的扣留。质量保证金的扣留有以下三种方式：

①在支付工程进度款时逐次扣留，在此情形下，质量保证金的计算基数不包括预付款的支付、扣回及价格调整的金额。

②工程竣工结算时一次性扣留质量保证金。

③双方约定的其他扣留方式。

除专用合同条款另有约定外，质量保证金的扣留原则上采用上述第①种方式。

根据《示范文本》，发包人累计扣留的质量保证金不得超过结算合同价格的3%，如承包人在发包人签发竣工付款证书后28天内提交质量保证金保函，发包人应同时退还扣留的作为质量保证金的工程价款。

（3）质量保证金的退还。发包人应按最终结清的约定退还质量保证金。

4. 保修

（1）保修责任。工程保修期从工程竣工验收合格之日起算，具体分部分项工程的保修期由合同当事人在专用合同条款中约定，但不得低于法定最低保修年限。在工程保修期内，承包人应当根据有关法律规定及合同约定承担保修责任。

发包人未经竣工验收擅自使用工程的，保修期自转移占有之日起算。

（2）修复费用。保修期内，修复的费用按照以下约定处理。

①保修期内，因承包人原因造成工程的缺陷、损坏，承包人应负责修复，并承担修复的费用及因工程的缺陷、损坏造成的人身伤害和财产损失。

②保修期内，因发包人使用不当造成工程的缺陷、损坏，可以委托承包人修复，但发包人应承担修复的费用，并支付承包人合理的利润。

③因其他原因造成工程的缺陷、损坏，可以委托承包人修复，发包人应承担修复的费用，并支付承包人合理的利润，因工程的缺陷、损坏造成的人身伤害和财产损失由责任方承担。

5. 质量保修书

工程质量保修书包括以下内容：

（1）工程质量保修范围和内容。承包人在质量保修期内，按照有关法律规定和合同约定，承担工程质量保修责任。

质量保修范围包括地基基础工程、主体结构工程，屋面防水工程、有防水要求的卫生间、房间和外墙面的防渗漏，供热与供冷系统，电气管线、给水排水管道、设备安装和装修工程，以及双方约定的其他项目。双方可就具体保修的内容进行约定。

（2）质量保修期。根据《建设工程质量管理条例》及有关规定，双方可以就工程质量保修期进行规定，但不得低于国家强制标准。

在正常使用条件下，建设工程质量的最低保修期限如下：

①基础设施工程、房屋建筑的地基基础工程和主体结构工程，为设计文件规定的该工程的合理使用年限；

②屋面防水工程、有防水要求的卫生间、房间和外墙面的防渗漏，为5年；

③供热与供冷系统，为2个采暖期、供冷期；

④电气管线、给水排水管道、设备安装和装修工程，为2年。

其他项目的保修期限由发包方与承包方约定。

建设工程质量的保修期，自竣工验收合格之日起计算。

（3）缺陷责任期。工程缺陷责任期为约定的月数，缺陷责任期自工程实际竣工之日起计算。单位工程先于全部工程进行验收，单位工程缺陷责任期自单位工程验收合格之日起算。

缺陷责任期终止后，发包人应退还剩余的质量保证金。

（4）质量保修责任。

①属于保修范围、内容的项目，承包人应当在接到保修通知之日起7天内派人保修。承包人不在约定期限内派人保修的，发包人可以委托他人修理。

②发生紧急事故需抢修的，承包人在接到事故通知后，应当立即到达事故现场抢修。

③对于涉及结构安全的质量问题，应当按照《建设工程质量管理条例》的规定，立即向当地住房城乡建设主管部门和有关部门报告，采取安全防范措施，并由原设计人或具有相应资质等级的设计人提出保修方案，承包人实施保修。

④质量保修完成后，由发包人组织验收。

（5）保修费用。保修费用由造成质量缺陷的责任方承担。

（6）双方约定的其他工程质量保修事项。工程质量保修书由发包人、承包人在工程竣工验收前共同签署，作为施工合同附件，其有效期限至保修期满。

第二节　建设工程施工合同进度管理

进度管理是建设工程施工合同管理的重要内容。合同当事人应当在合同规定的工期内完成施工。发包人应当按时做好各项准备工作，承包人应当按照施工进度计划组织施工。

一、施工准备阶段的进度管理

开工前的各项准备工作是否充分直接影响到工程能否顺利开工，也可能影响到工程的工期。

1. 合同双方约定的合同工期

合同工期是指发包人和承包人在合同中约定的建设工程的履行期间，承包人在此期间内要如约完成工程建设。《示范文本》第一部分合同协议书第二条规定了合同工期条款，该条款属于约定性条款，是双方协商一致的结果。合同工期一旦确立后，除非发生了《中华人民共和国民法典》规定的建设工程合同无效和可撤销行为，发包人一般不会改变工期，承包人要如期履约，否则便要承担违约责任。

合同当事人应当在开工日期前做好一切开工准备，承包人则应按约定的开工日期开工。

2. 承包人提交进度计划

承包人应当在专用条款约定的日期，将施工组织设计和工程进度计划提交给监理工程师。

3. 工程师对进度计划进行审核

为了保证建设工程的施工任务按期完成，工程师必须审核承包人提交的施工进度计划。施工进度计划一经工程师确认，即应当视为合同文件的一部分，它是以后处理承包人提出的工程延期或费用索赔的一个重要依据。

工程师对进度计划和对承包人施工进度的认可，不免除承包人对施工组织设计和工程进度计划本身的缺陷所应承担的责任。群体工程中采取分阶段进行施工的单项工程，承包人则应按照发包人提供图纸及有关资料的时间，按单项工程编制进度计划，分别向工程师提交。

【思考题】 工程开工前，合同双方应做好有关准备工作。下列关于施工进度计划的叙述，正确的有（　　）。

A. 工程师对进度计划和对承包人施工进度的认可，可以免除承包人对施工组织设计和工程进度计划本身的缺陷所应承担的责任

B. 群体工程中采取分阶段进行施工的单项工程，承包人也不应按单项工程编制进度计划

C. 承包人应当在专用条款约定的日期，将施工组织设计和施工进度计划提交工程师

D. 工程师接到承包人提交的进度计划后，应当予以确认或提出修改意见

E. 进度计划经工程师予以认可的主要目的，是作为发包人和工程师依据计划进行协调和对施工进度控制的依据

【答案】 CDE

【解析】 工程师对进度计划和对承包人施工进度的认可，不免除承包人对施工组织设计和工程进度计划本身的缺陷所应承担的责任，故 A 选项错误。群体工程中采取分阶段进行施工的单项工程，承包人则应按照发包人提供图纸及有关资料的时间，按单项工程编制

进度计划，分别向工程师提交，故 B 选项错误。承包人应当在专用条款约定的日期，将施工组织设计和施工进度计划提交工程师。工程师接到承包人提交的进度计划后，应当予以确认或提出修改意见。进度计划经工程师予以认可的主要目的，是作为发包人和工程师依据计划进行协调和对施工进度控制的依据。因此，CDE 正确。

4. 其他准备工作

开工前，合同双方还应当做好其他各项准备工作。如发包人应当按照专用条款的规定使施工现场具备施工条件、开通施工现场公共道路，承包人应当做好施工人员和设备的调配工作。

5. 延期开工

(1)如果是承包人要求的延期开工，则工程师有权批准是否同意延期开工。承包人不能按时开工，应在不迟于协议书约定的开工日期前 7 天，以书面形式向工程师提出延期开工的理由和要求。工程师在接到延期开工申请后的 48 小时内未予答复，视为同意承包人的要求，工期相应顺延。如果工程师不同意延期要求，工期不予顺延。如果承包人未在规定时间内提出延期开工要求，工期也不予顺延。

(2)因发包人原因延期开工时，工程师应以书面形式及时通知承包人批准工期顺延，审核由此给承包人造成的损失。

二、施工阶段的进度管理

1. 进度计划的执行

开工后，承包人必须按照工程师确认的进度计划组织施工，接受工程师对进度的检查和监督。不管实际进度是超前还是滞后于计划进度，只要与计划进度不符时，工程师都有权通知承包人修改进度计划，以便更好地进行后续施工的协调管理。承包人应按照工程师的要求修改进度计划并提出相应措施，经工程师确认后执行。工程师不对确认后的改进措施效果负责。如果修改后的进度计划不能按期完工，承包人仍应承担相应的违约责任。

2. 暂停施工

(1)发包人原因引起的暂停施工。因发包人原因引起暂停施工的，监理人经发包人同意后，应及时下达暂停施工指示。因发包人原因引起的暂停施工，发包人应承担由此增加的费用和(或)延误的工期，并支付承包人合理的利润。

(2)承包人原因引起的暂停施工。因承包人原因引起的暂停施工，承包人应承担由此增加的费用和(或)延误的工期。

(3)指示暂停施工。监理人认为有必要时，并经发包人批准后，可向承包人作出暂停施工的指示，承包人应按监理人指示暂停施工。

(4)紧急情况下的暂停施工。因紧急情况需暂停施工，且监理人未及时下达暂停施工指示的，承包人可先暂停施工，并及时通知监理人。监理人应在接到通知后 24 小时内发出指示，逾期未发出指示，视为同意承包人暂停施工。

3. 工期延误

(1)可以顺延工期的条件。按照《示范文本》通用条件的规定，以下原因造成的工期延误，经工程师确认后工期相应顺延：

①发包人不能按专用条款约定提供开工条件；

②发包人不能按约定日期支付工程预付款、进度款，致使工程不能正常进行；

③工程师未按合同约定提供所需指令、批准等，致使施工不能正常进行；

④设计变更和工程量增加；

⑤一周内非承包人原因停水、停电、停气造成停工累计超过 8 小时；

⑥不可抗力；

⑦专用条款中约定或工程师同意工期顺延的其他情况。

（2）因承包人原因导致工期延误。因承包人原因造成工期延误的，可以在专用合同条款中约定逾期竣工违约金的计算方法和逾期竣工违约金的上限。承包人支付逾期竣工违约金后，不免除承包人继续完成工程及修补缺陷的义务。

三、竣工验收阶段的进度管理

工程按期竣工有承包人按照协议书约定的竣工日期或者工程师同意顺延的工期竣工两种情况。

1. 竣工验收必须满足的条件

根据《示范文本》及相关的法律法规，建设工程竣工验收应当具备下列条件：

（1）完成建设工程设计和合同约定的各项内容；

（2）有完整的技术档案和施工管理资料；

（3）有工程使用的主要建筑材料、建筑构配件和设备的进场试验报告；

（4）有勘察、设计、施工、工程监理等单位分别签署的质量合格文件；

（5）有施工单位签署的工程保修书。

2. 竣工验收的程序

（1）承包人向监理人报送竣工验收申请报告，监理人应在收到竣工验收申请报告后14天内完成审查并报送发包人。监理人审查后认为尚不具备验收条件的，应通知承包人在竣工验收前承包人还需完成的工作内容，承包人应在完成监理人通知的全部工作内容后，再次提交竣工验收申请报告。

（2）监理人审查后认为已具备竣工验收条件的，应将竣工验收申请报告提交发包人。发包人应在收到经监理人审核的竣工验收申请报告后 28 天内审批完毕并组织监理人、承包人、设计人等相关单位完成竣工验收。

（3）竣工验收合格的，发包人应在验收合格后 14 天内向承包人签发工程接收证书。发包人无正当理由逾期不颁发工程接收证书的，自验收合格后第 15 天起视为已颁发工程接收证书。

（4）竣工验收不合格的，监理人应按照验收意见发出指示，要求承包人对不合格工程返工、修复或采取其他补救措施，由此增加的费用和（或）延误的工期由承包人承担。承包人在完成不合格工程的返工、修复或采取其他补救措施后，应重新提交竣工验收申请报告，并按本项约定的程序重新进行验收。

（5）工程未经验收或验收不合格，发包人擅自使用的，应在转移占有工程后 7 天内向承包人颁发工程接收证书；发包人无正当理由逾期不颁发工程接收证书的，自转移占有后第 15 天起视为已颁发工程接收证书。

3. 发包人要求提前竣工

在施工过程中，发包人如果要求提前竣工，应当与承包人进行协商，协商一致后应签订提前竣工协议。提前竣工协议应该包括下列内容：

（1）提前的时间；

（2）承包人采取的赶工措施；

（3）发包人为赶工提供的条件；

（4）承包人为保证工程质量采取的措施；

（5）提前竣工所需追加的合同价款。

第三节　建设工程施工合同造价管理

一、施工合同价款与工程预付款

施工合同价款是建设工程施工合同的核心条款，是双方关注的重点，也是进行合同管理的重中之重。合同价款在合同签署后，任何一方不得擅自调整。一般来说，合同价款可以按照固定价格合同、可调价格合同和成本加酬金合同三种方式进行约定。发包人应按合同约定向承包人及时支付合同价款。

工程预付款，又称材料备料款或材料预付款。承包人应在签订合同或向发包人提供与预付款等额的预付款保函后向发包人提交预付款支付申请，发包人应在收到支付申请的 7 天内进行核实后向承包人发出预付款支付证书，并在签发支付证书后的 7 天内向承包人支付预付款。预付款的支付按照专用合同条款约定执行，但至迟应在开工通知载明的开工日期 7 天前支付。预付款应当用于材料、工程设备、施工设备的采购及修建临时工程、组织施工队伍进场等。

工程预付款属于预付性质，除专用合同条款另有约定外，预付款在进度付款中同比例扣回。在颁发工程接收证书前，提前解除合同的，尚未扣完的预付款应与合同价款一并结算。

发包人逾期支付预付款超过 7 天的，承包人有权向发包人发出要求预付的催告通知，发包人收到通知后 7 天内仍未支付的，承包人有权暂停施工。

二、工程款支付

1. 工程量的确认

建设工程的工程量一般是以合同约定为准，但是在发包方与承包方发生争议时，因工程量事关工程价款的多少，所以，如何确定工程量是一个重要的问题。

承包人应于每月25日向监理人报送上月20日至当月19日已完成的工程量报告，并附具进度付款申请单、已完成工程量报表和有关资料。

监理人应在收到承包人提交的工程量报告后7天内完成对承包人提交的工程量报表的审核并报送发包人，以确定当月实际完成的工程量。监理人对工程量有异议的，有权要求承包人进行共同复核或抽样复测。

监理人未在收到承包人提交的工程量报表后的7天内完成审核的，承包人报送的工程量报告中的工程量视为承包人实际完成的工程量，据此计算工程价款。

除专用合同条款另有约定外，付款周期应按与计量周期保持一致。

2. 工程款结算方式

(1)按月计量支付。按月计量支付即实行旬末预支或月中预支，月终按工程师确认的当月完成的有效工程量进行结算，竣工后办理竣工结算。承包商可以在旬末或月中向业主提交预支工程款账单，预支一旬或半月的工程款，月终再提交工程款结算账单和已完工程的月报表。业主对这部分已完工程的质量验收合格后，向承包商及时支付当月工程款。

(2)分段结算。分段结算即双方约定按单项工程或单位工程形象进度，划分不同阶段进行结算。

(3)竣工后一次结算。竣工后一次结算是指建设工程规模较小、工期较短(一般在12个月以内)的工程，可以实行在施工过程中分几次预支、竣工后一次结算的方法。

(4)双方约定的其他结算方式。

3. 工程款的支付程序和责任

发包人应向计量确认后14天内承包人支付工程款，同期结算的还包括同期用于工程上的发包人供应材料设备的价款，以及按约定时间发包人应按比例扣回的预付款。已发生的按可调价合同约定调整的合同价款、设计变更调整的合同价款及追加的合同价款，与工程款同期调整支付。

发包人超过约定的支付时间不支付工程款，承包人可向发包人书面提出付款要求，如果发包人在收到承包人通知后仍未能按要求支付，可与承包人协商签订延期付款协议，经承包人同意后可以延期支付。协议中需要注明延期支付时间和从结果确认计量后第15天起计算应付款的贷款利息。如果发包人不按合同约定支付工程款，同时双方又未达成延期付款协议，导致施工无法进行，承包人可停止施工，相应的违约责任由发包人承担。

三、变更价款的确定

设计变更发生后，承包人在工程设计变更确定后14天内，提出变更工程价款的报告，经工程师确认后调整合同价款。承包人在确定变更后14天内不向工程师提出变更工程价款报告时，视为该项设计变更不涉及合同价款的变更。工程师收到变更工程价款报告之日起7天内，予以确认。工程师无正当理由不确认时，自变更价款报告送达之日起14天后变更工程价款报告自行生效。

变更价款按照下列方法进行：

(1)合同中已有适用于变更工程的价格，按合同已有的价格计算、变更合同价款；

(2)合同中只有类似于变更工程的价格，可以参照此价格确定变更价格，变更合同价款；

(3)合同中没有适用或类似于变更工程的价格，由承包人提出适当的变更价格，经工程师确认后执行。

四、竣工结算

1. 竣工结算申请

除专用合同条款另有约定外，承包人应在工程竣工验收合格后 28 天内向发包人和监理人提交竣工结算申请单，并提交完整的结算资料，有关竣工结算申请单的资料清单和份数等要求由合同当事人在专用合同条款中约定。

除专用合同条款另有约定外，竣工结算申请单应包括以下内容：

(1)竣工结算合同价格。

(2)发包人已支付承包人的款项。

(3)应扣留的质量保证金。已缴纳履约保证金的或提供其他工程质量担保方式的除外。

(4)发包人应支付承包人的合同价款。

2. 竣工结算审核

(1)除专用合同条款另有约定外，监理人应在收到竣工结算申请单后 14 天内完成核查并报送发包人。发包人应在收到监理人提交的经审核的竣工结算申请单后 14 天内完成审批，并由监理人向承包人签发经发包人签认的竣工付款证书。监理人或发包人对竣工结算申请单有异议的，有权要求承包人进行修正和提供补充资料，承包人应提交修正后的竣工结算申请单。

发包人在收到承包人提交竣工结算申请书后 28 天内未完成审批且未提出异议的，视为发包人认可承包人提交的竣工结算申请单，并自发包人收到承包人提交的竣工结算申请单后第 29 天起视为已签发竣工付款证书。

(3)除专用合同条款另有约定外，发包人应在签发竣工付款证书后的 14 天内，完成对承包人的竣工付款。发包人逾期支付的，按照中国人民银行发布的同期同类贷款基准利率支付违约金；逾期支付超过 56 天的，按照中国人民银行发布的同期同类贷款基准利率的两倍支付违约金。

第四节　建设工程施工合同风险与安全管理

一、建设工程施工合同风险类型

建筑工程施工具有过程复杂化、管理难度较大且不可替代的特点，在工程承发包和施工过程中涉及方面较广，对于合同管理的要求较高。

1. 合同文本风险

国家市场监督管理总局与住房和城乡建设部为规范建筑市场的合同文本制定了《示范文本》，以全面体现承发包双方的责任、权利和风险。但个别项目的发包人为了回避自己的风险在签订合同时，不采用标准的合同文本，而是采用一些自制的、不规范的文本进行签约。通过自制的、笼统的、含糊的文本条件，避重就轻，转嫁工程风险。

2. 合同主体风险

合同当事人主体合格是合同得以有效成立的前提条件。合格的主体必须具有相应的民事权利能力和民事行为能力。因此，一个建设工程施工合同是否有效，首先看合同签订主体是否合格。建设工程施工合同主体包括发包人和承包人（包括总承包人和分包人）。发包人是建设工程项目的产权人或是经营人，以及负责工程投资、经营与管理的当事人。承包人是被发包人接受的具有工程承包主体资格的当事人。发承包双方或一方不具有建设工程相关法律要求的主体条件，将导致建设工程合同无效。

3. 非法转包风险

转包是指承包人在获得工程施工合同后，又将其承包的工程建设任务转让给第三人，转让人退出承包关系的行为。一些承包商为了获得建设项目承包资格，不惜以低价中标，在中标之后又将工程肢解后以更低价格转包给一些没有资质的施工队伍。这些承包商缺乏对承包工程的基本控制步骤和监督手段，进而对工程进度、质量造成严重影响，最终形成与业主及转包者的资质纠纷。

4. 发包人资信因素

发包人履约能力差，由于发包人经济情况变化，无力支付工程款，或者发包人信誉差、不诚信，有意拖欠工程款。

5. 分包的风险

由于选择分包商不当，分包合同有漏洞，条款出现差错、矛盾等，会遇到分包商违约，不能按质、按量、按时完成分包工程，致使影响整个工程进度或发生经济损失。

二、建设工程施工合同风险管理

合同管理既是一种为了取得经营效益的经济活动，也是一种保障企业正常经营的法律行为。随着我国市场经济体制的建立健全内容完善、履行良好的合同管理制度是企业运用法律手段维护合法权益、防止财产流失、提高经济效益、增强市场竞争力的重要手段和保证，在企业的生产经营和管理制度中发挥着不可替代的作用。

1. 施工合同的风险因素

（1）合同的主观性风险。合同主观方面的风险，指的是由于人为因素引起的风险，且通过人为干预能够起到控制风险作用的合同风险。在建设工程施工合同中，主观性风险是指发包人由于主观原因不能按照合同约定支付工程款项、不能履行其他义务等。除此之外，发包人还可能凭借在工程承发包关系中的优势地位，使得承包人为争取项目，不得不接受不平等的合同条件。有些承包商仅考虑工期和价格，而忽视了其他条款，如保险、索赔、风险担保、经济损失赔偿等条款，签订合同的随意性和盲目性较大。一旦签订了这类不平等的合同，会在很大程度上增加承包人的施工合同风险。

（2）合同的客观风险。客观风险与主观性风险刚好相反，客观风险指的是难以通过人为因素进行控制，且风险无法确定的一种风险。如市场波动（如材料的市场价格变动）、法律政策调整、天灾人祸等，这些都属于不可预知的客观性风险因素，且无法或难以进行防范，只能面对风险。客观性风险对项目的顺利实施会产生不同程度的影响。

2. 施工合同风险管理

（1）建立健全施工合同管理制度。由于施工合同的管理环节比较多且较为复杂，如需进行合同洽谈、草拟、签订、交底、分解责任、跟踪履行情况、变更、解除、终止等环节。因此，建立和健全施工合同管理制度非常重要。首先，对合同管理的每一个环节，制定切实可行的、可操作性强的合同管理制度，以使每个环节的管理有法可依、有章可循。然后，进一步强化合同管理机制，包括责任分解制度、合同交底制度、进度款审查制度和批准制度、每日报送制度等。强化责任分解制度，将责任分解到各小组、个人，明确其工作的内容和责任，以促使各方互相配合并落实合同管理制度。强化合同交底制度，则要求合同管理人员对各工作小组、各项目管理人员进行合同的交底工作，交底内容主要是向其说明和解释合同内的主要内容。强化进度款审查和批准制度则要求制定详细的审查和批准步骤，要求合同管理部门严格遵循这一机制进行进度款的审核。每日报送制度的建立主要是为了让合同管理人员及时掌握建筑工程的相关信息。因此，要求各职能部门每日总结工程信息并上报合同管理处。通过建立健全施工合同管理制度，可为实现统筹整个工程项目的运行状态鉴定基础。

（2）提高施工合同管理水平。首先是配备合同管理的专业人才，合同管理人员首先必须是优秀的工程技术人员，同时还必须熟练掌握和运用各种法律、法规；精通合同管理业务，进行系统的控制和管理，做好合同管理人才的配备和组织保证，是抓好合同管理的重点。加强合同管理人才的培养，只有合同管理人员增强其工作的前瞻性、预见性和系统性，才能真正做好合同管理，从而提高建设项目合同管理的效果。其次是完善工程建设合同管理体制，规范建设工程市场秩序。在签订合同的过程中，承发包双方应建立在平等的基础上，本着互惠互利的原则制定合同条款，并建立健全合同管理制度，严格按照合同的签订、审查、授权、公证、监督的程序来执行，进而提高合同的管理水平。最后是提高合同管理人员的素质。

（3）做好合同索赔管理，保证合同签订双方合理的经济利益。在工程建设项目中，因合同文件对施工期间发包人提供条件不到位而造成的补偿问题没有约定补偿方法，或补偿细致不完善造成的双方补偿纠纷问题，为促进补偿纠纷问题的处理及控制类似问题的再次发生，工程筹建单位要随时结合施工现场实际情况，结合法律、法规进行分析研究，保证合同签订双方合理的经济利益。

对于因工程变更引起的费用补偿问题，应对国家、地方、行业等关于调差的相关规定进行全面收集和整理，系统分析出人、材、机的权重，参照主标调差条款对补偿问题予以处理。对于因工程变更引起的补偿数量的确定问题，应对施工方上报的相关资料进行整理分析。对于补偿问题的处理应高度把握主动控制、及时处理的原则，对可能出现的补偿问题，采取措施进行预防处理，避免造成工程成本的增加。同时，避免将所有补偿问题拖延至后期的综合处理，这样往往牵涉利息、利润补偿、工程结算等一些问题，导致合同双方矛盾的进一步复杂化，大大增加了协调处理的难度，因此，必须及时处理索赔。

(4)做好建设工程合同的履行管理及评价工作。由于建设工程的合同内容非常丰富，能够很好地反映整个项目的建设过程。在项目完成后，对工程合同的履行情况进行评价有助于总结经验教训，为今后开展工作有很大帮助。合同终止后，管理人员应收集、整理、保存、登记相关建设工程的合同资料，并做好资料的编号、装订及归档等工作，使建设工程的合同资料管理走向规范化、程序化。与此同时，比较分析建设工程的实施计划与合同履行情况，并对合同的履行情况作出客观评价。通过评价工作，不断提高建设工程的施工合同管理水平。

三、建设工程施工合同风险管理对策

(1)合理回避风险。回避风险是一种消极的防范手段，因为回避风险在避免损失的同时也失去了获利的机会，应慎重使用。在承揽工程、合同签订前，对工程风险进行合理分析，对于风险大的工程应及早放弃、予以回避。在合同执行中，由于种种原因，出现明显亏损，特别是企业难以承受的亏损，应根据合同规定主动中止合同，避免承担更大的风险。

(2)进行风险控制。重视合同谈判，签订完善的施工合同，这是控制风险的首要环节。加强合同管理，承包方要制定完善的合同管理制度，明确有关部门在合同履行中的职责，做到各司其职、各负其责，制定合理可行的奖罚制度，做到奖罚严明。

(3)重视风险转移。向业主索赔，这是施工单位常用的，也是最有效的风险转移的方法；向第三方转移风险，包括通过工程保险和担保的方式；将风险大的分项工程分包出去，向分包商转移风险；与其他承包商组建联营体，共同承担风险。

(4)风险自留。当风险量不大时采用风险自留，可以减少风险管理的成本。对于发生频率高、损失程度小的风险，企业往往采用风险自留的手段更为有利。

在加强合同风险分析、做好风险防范与控制的同时，最根本的还是应强化企业的管理，培育企业的核心竞争力，增强企业抗风险能力，从而有效地防范和控制施工合同的风险，规避合同风险给企业造成的损失，为企业创造最大的利润空间。

四、建设工程施工合同安全管理

1. 发包人的安全责任

(1)发包人应当向承包人提供施工现场及毗邻区域内供水、排水、供电、供气、供热、通信、广播电视等地下管线资料，气象和水文观测资料，相邻建筑物和构筑物、地下工程的有关资料，并保证资料的真实、准确、完整。

(2)发包人因建设工程需要，向有关部门或单位查询前款规定的资料时，有关部门或者单位应当及时提供。

(3)发包人不得对勘察、设计、施工、工程监理等单位提出不符合建设工程安全生产法律、法规和强制性标准规定的要求，不得压缩合同约定的工期。

（4）发包人在编制工程概算时，应当确定建设工程安全作业环境及安全施工措施所需费用。

（5）发包人不得明示或者暗示承包人购买、租赁、使用不符合安全施工要求的安全防护用具、机械设备、施工机具及配件、消防设施和器材。

（6）发包人在申请领取施工许可证时，应当提供建设工程有关安全施工措施的资料。

依法批准开工报告的建设工程，发包人应当自开工报告批准之日起 15 日内，将保证安全施工的措施报送建设工程所在地的县级以上地方人民政府住房城乡建设主管部门或其他有关部门备案。

2. 承包人的安全责任

（1）承包人应当具备国家规定的注册资本、专业技术人员、技术装备和安全生产等条件，依法取得相应等级的资质证书，并在其资质等级许可的范围内承揽工程。

（2）承包人要确保安全文明施工费用投入。

（3）承包人应当设立安全生产管理机构，配备专职安全生产管理人员。

（4）承包人应建立完善的安全生产责任制度。

（5）承包人应当建立健全劳动安全生产教育培训制度，加强对职工安全生产的教育培训；未经安全生产教育培训的人员，不得上岗作业。

第五节　建设工程施工合同管理案例分析

一、案例一

【背景资料】

某建设单位投资新建办公楼，建筑面积为 8 000 m²，钢筋混凝土框架结构，地上 8 层，招标文件规定，本工程实行设计、采购、施工的总承包交钥匙方式。土建、水电、通风空调、内外装饰、消防、园林景观等工程全部由中标单位负责组织施工。经公开招标投标，A 施工总承包单位中标，双方签订的工程总承包合同中约定：合同工期为 10 个月，质量目标为合格。

在合同履行过程中，发生了下列事件：

事件 1：A 施工总承包单位中标后，按照"设计、采购、施工"的总承包方式开展相关工作。

事件 2：A 施工总承包单位在项目管理过程中，与 F 劳务公司进行了主体结构劳务分包洽谈，约定将模板和脚手架费用计入承包总价，并签订了劳务分包合同。经建设单位同意，A 施工总承包单位将玻璃幕墙工程分包给 B 专业分包单位施工。A 施工总承包单位自行将通风空调工程分包给 C 专业分包单位施工。C 专业分包单位按照分包工程合同总价收取 8% 的管理费后，分包给 D 专业分包单位。

【问题】

1. 在事件 1 中，A 施工总承包单位应对工程的哪些管理目标全面负责？

2. 在事件 2 中，哪些分包行为属于违法分包？并分别说明理由。

【案例解析】

1. A 施工总承包单位应对工程的成本目标、进度目标、质量目标、安全目标、环保与节能、绿色施工全面负责。

2. 在事件 2 中，存在的违法分包情形有：

(1) A 与 F 劳务公司进行了主体结构劳务分包洽谈，约定将模板和脚手架费用计入承包总价；理由：A 与 F 劳务公司只能进行主体结构的劳务分包，不能将主体结构中主要材料和周转材料进行分包。

(2) A 施工总承包单位自行将通风空调工程分包给 C 专业分包单位施工；

理由：该分包工程在建筑工程总承包合同中未约定且未经建设单位同意。

(3) C 专业分包单位按照分包工程合同总价收取 8% 的管理费后分包给 D 专业分包单位；

理由：C 专业分包单位将分包工程进行了再分包，属于违法分包。

二、案例二

【背景资料】

某办公楼工程，建筑面积为 20 000 m²，钢筋混凝土框架结构、地下 1 层、地上 18 层，建筑高度约为 60 m，基坑深度为 7 m，桩基为人工挖孔桩，桩长为 18 m，首层大堂高度为 4.2 m，跨度为 24 m，外墙为玻璃幕墙。结果公开招标，最后确定甲施工单位中标，建设单位与甲施工单位按照《示范文本》签订了施工总承包合同，双方约定防水工程允许专业分包。

合同签署约定如下：

(1) 本工程合同工期 340 天；

(2) 本工程采取工程量清单综合单价计价模式；

(3) 现场安全文明施工费的措施费包干使用；

(4) 因建设单位责任引起的工程主体设计变更发生的费用予以调整；

(5) 工程预付款比例为 10%。

工程投标及施工过程中，发生了下列事件：

事件一：在投标过程中，乙施工单位在进行投标总价基础上下浮动 5% 进行报价，评标小组经认真核算，认为乙施工单位报价中的部分费用不符合《建设工程工程量清单计价规范》(GB 50500—2013) 中不可作为竞争性费用条款的规定，给予废标处理。

事件二：甲施工单位将防水工程分包给了有资质的乙施工单位，乙施工单位签订分包合同后因其资金周转困难，随后将工程转交给了一个具有施工资质的丙施工单位。

事件三：临近竣工，由于工期紧，施工单位自行决定实行"三班倒"连续施工，周边居民纷纷到有关部门进行投诉。

事件四：在基坑施工中，由于正值雨季，施工现场的排水费用比中标价中的费用超出

3万元，甲施工单位及时向建设单位提出了签证要求，建设单位不予支持。对此，甲施工单位向建设单位提交了索赔报告。

【问题】

1. 事件一中，评标小组的做法是否正确？并指出不可作为竞争性费用项目分别是什么？

2. 事件二中，甲乙施工单位的行为是否合法？请说明理由。

3. 事件三中，施工单位有哪些不妥？按有关规定，建筑工程结构施工阶段与夜间施工的噪声限值是多少？

【案例解析】

1. 事件一中，评标小组的做法妥当，不可竞争性费用包括安全文明施工费、规费和税金。

2. 事件二中，甲单位的做法合法，但乙单位属于违法分包行为。因为属于下列行为之一的为违法分包现象：

(1)施工单位将工程分包给个人的；

(2)施工单位将工程分包给不具备相应资质或安全生产许可的单位的；

(3)施工合同中没有约定，又未经建设单位认可，施工单位将其承包的部分工程交由其他单位施工的；

(4)施工总承包单位将房屋建筑工程的主体结构的施工分包给其他单位的；

(5)专业分包单位将其承包的专业工程中非劳务作业部分再分包的；

(6)劳务分包单位将其承包的劳务再分包的；

(7)法律、法规规定的其他违法分包行为。

3. 事件三中，如需夜间施工，施工单位应提前办理夜间施工许可证，并向周边居民解释、公告，取得居民的理解，如确实造成影响的应合理经济赔偿。结构施工阶段白天施工噪声限值不允许超过 70 dB，夜间施工不允许超过 55 dB。

复习思考题

一、选择题

1. 【单选题】因承包人原因造成工程不合格的，发包人有权(　　)要求承包人采取补救措施，直至达到合同要求的质量标准，由此增加的费用和(或)延误的工期由承包人承担。

　A. 随时　　　　　　　　　　　B. 24 小时内

　C. 48 小时内　　　　　　　　　D. 7 日内

2. 【单选题】竣工验收合格的，发包人应在验收合格后(　　)天内向承包人签发工程接收证书。

　A. 7　　　　　　　　　　　　　B. 14

　C. 15　　　　　　　　　　　　　D. 28

3.【单选题】发包人未经竣工验收擅自使用工程的,缺陷责任期自(   )起开始计算。

    A. 验收合格之日

    B. 承包人提交竣工验收申请报告之日

    C. 实际竣工之日

    D. 工程转移占有之日

4.【单选题】合同中已有适用于变更工程的价格时,变更价款确定方式为(   )。

    A. 参照此价格确定变更价格

    B. 发包人与承包人进行协商确定

    C. 按合同已有的价格计算、变更合同价款

    D. 由承包人提出适当的变更价格,经工程师确认

5.【单选题】下列各项中,属于发包人安全责任的是(   )。

    A. 应建立完善的安全生产责任制度

    B. 提供施工现场及毗邻区域真实、准确、完整的施工资料

    C. 确保安全文明施工费用投入

    D. 建立健全劳动安全生产教育培训制度

6.【多选题】下列事件导致的工期延误,按照《示范文本》通用条件的规定,经工程师确认后工期相应顺延的有(   )。

    A. 设计变更和工程量增加

    B. 发包人不能按约定日期支付工程预付款、进度款

    C. 符合发包人所有的要求

    D. 发包人不能按专用条款约定提供开工条件

    E. 不可抗力

7.【多选题】建设工程质量的基本要求包括(   )。

    A. 符合工程勘探、设计文件的要求

    B. 符合施工承包合同的约定

    C. 符合发包人所有的要求

    D. 符合《建筑工程施工质量验收统一标准》(GB 50300—2013)和相关专业验收规范的规定

    E. 符合监理人所有的要求

8.【多选题】下列各项中,属于施工单位的质量责任和义务的有(   )。

    A. 提供与建设工程有关的原始资料

    B. 对建设工程的施工质量负责

    C. 按照工程设计图纸和施工技术标准施工

    D. 在资质等级许可的范围内承揽工程

    E. 办理工程质量监督手续

二、简答题

1. 简述建设工程质量的基本要求。

2. 简述施工单位的质量责任和义务。

3. 简述建设工程质量的最低保修期限的规定。

4. 简述建设工程竣工验收的条件。

5. 简述建设工程竣工验收的程序。

6. 简述变更价款的确定。

第七章

建设工程施工合同索赔

⊕ 学习目标

知识目标：掌握建设工程施工合同索赔的概念及分类；掌握索赔的计算；熟悉索赔的技巧。

能力目标：能够进行索赔计算，能够分析索赔案例。

素质目标：熟悉建设工程施工合同，思维敏捷，索赔意识强，具有较强的语言表达能力。

📖 案例导入

在施工过程中，总监理工程师要求对已隐蔽的某部位重新剥离检查，施工单位认为已通过隐蔽验收，不同意再次检查。经建设单位协调后剥离检查，发现施工质量存在问题。施工单位予以修复，并向建设单位提出因此次剥离检查及修复所导致的工期索赔和费用索赔。

问：(1)施工单位不同意剥离检查是否合理？为什么？

(2)分别判断施工单位提出的工期索赔和费用索赔是否成立？并分别说明理由。

⚙ 案例分析

(1)施工单位不同意剥离检查是不合理的。理由：无论监理工程师是否进行验收，当其要求对已隐蔽工程重新检验时，承包人应按要求开孔或剥离，并在检验后覆盖或修复。

(2)施工单位提出的工期索赔和费用索赔均不成立。理由：剥离检验结果不合格，则工期延误和费用损失均应由施工单位自行承担。

第一节　工程索赔概述

工程索赔通常是指在工程合同履行过程中，合同当事人一方因对方不履行或未能正确履行合同或由于其他非自身因素而受到经济损失或权利损害，通过合同规定的程序向对方提出经济或时间补偿要求的行为。对施工合同的双方来说，索赔是维护双方合法利益的权利，它同合同条件中双方的合同责任一样，构成严密的合同制约关系。索赔往往是双向的，承包商可以向业主提出索赔，业主也可以向承包商提出索赔。按我国工程惯例，我们把承包人向发包人提出的索赔称为索赔；把发包人向承包人提出的索赔称为反索赔。

工程索赔分为狭义的建设工程索赔和广义的建设工程索赔。狭义的建设工程索赔，是指承包人向发包人提出的索赔。广义的建设工程索赔，不仅包括承包人向发包人提出的索赔，而且还包括承包人向保险公司、供货商、分包人等提出的索赔。

本书中"索赔""工程索赔"如无特别说明，指的是狭义的建设工程索赔。

因此，索赔的成立应该同时具备以下三个前提条件：

(1)事件已造成了承包人工程项目成本的额外支出，或直接工期损失；

(2)造成费用增加或工期损失的原因，按合同约定不属于承包人的行为责任或风险责任；

(3)承包人按合同规定的程序和时间提交索赔意向通知和索赔报告。

以上三个条件必须同时具备，缺一不可。

一、工程索赔的分类

1. 按索赔目的分类

(1)工期索赔。由于非承包人责任的原因而导致施工进程延误，要求批准展延合同工期的索赔，称为工期索赔。工期索赔形式上是对权利的要求，以避免在原定合同竣工日不能完工时，被业主追究拖期违约责任。一旦获得批准合同工期延展后，承包人不仅免除了承担拖期违约赔偿费的严重风险，而且可能因提前工期得到奖励，最终仍反映在经济收益上。

(2)费用索赔。费用索赔的目的是要求经济补偿。当施工的客观条件改变导致承包人增加开支，要求对超出计划成本的附加开支给予补偿，以挽回不应由他承担的经济损失。

2. 按索赔发生的原因分类

按索赔发生的原因，主要有延期索赔、工程变更索赔、赶工索赔和不利现场条件索赔。

(1)延期索赔。延期索赔主要表现在由于业主的原因不能按原定计划的时间进行施工所引起的索赔。由于材料和设备价格的上涨，为了控制建设的成本，业主往往把材料和设备自己直接订货，再供应给施工的承包商，这样业主则要承担因不能按时供货而导致工程延期的风险。

建筑法规的改变最容易造成延期索赔，此外，设计图纸和规范的错误和遗漏，设计者不能及时提交审查或批准图纸，也容易引起延期索赔。

(2)工程变更索赔。工程变更索赔是指对合同中规定工作范围的变化而引起的索赔。设计变更引起的工作量和技术要求的变化都可能被认为是工作范围的变化，为完成此变更可能增加时间，并影响原计划工作的执行，从而可能导致工期和费用的增加。

(3)赶工索赔。赶工索赔经常是延期或工程变更索赔的结果，也被称为施工加速索赔。如果业主要求承包商比合同规定的工期提前，或者因工程前段的工期拖延，要求后一阶段工程弥补已经损失的工期，使整个工程按期完工。这样，承包商可以因赶工成本超过原计划的成本而提出索赔，其索赔的费用一般应考虑加班工资、雇用额外劳动力、采用额外设备、改变施工方法和由于加班引起的疲劳导致劳动生产率损失所引起的费用增加。

（4）不利现场条件索赔。不利的现场条件是指合同的图纸和技术规范中所描述的条件与实际情况有实质性的不同或虽合同中未作描述，是一个有经验的承包商无法预料的。不利现场条件索赔近似于工程变更索赔，然而又不大像大多数工程变更索赔。不利现场条件索赔应归咎于确实不易预知的某个事实。如现场的水文、地质条件在设计时全部弄得一清二楚几乎是不可能的，只能根据某些地质钻孔和土样试验资料来分析与判断。要对现场进行彻底全面的调查将会耗费大量的成本时间，一般业主不会这样做，承包商在短短的投标报价时间内更不可能做这种现场调查工作。这种不利现场条件的风险由业主来承担是合理的。

3. 按索赔的依据分类

（1）合同规定的索赔。合同规定的索赔是指索赔涉及的内容在合同文件中能够找到依据，业主或承包商可以据此提出索赔要求，这种索赔不太容易发生争议。

（2）非合同规定的索赔。非合同规定的索赔是指索赔涉及的内容在合同文件中没有专门的文字叙述，但可以根据该合同某些条款的含义，推论出一定的索赔权。

4. 按索赔的处理方式分类

（1）单项索赔。单项索赔是针对某一干扰事件提出的。索赔的处理是在合同实施的过程中，干扰事件发生时，或发生后立即执行，它由合同管理人员处理，并在合同规定的索赔有效期内提交索赔意向书和索赔报告，它是索赔有效性的保证。单项索赔报告必须在合同规定的索赔有效期内提交工程师，由工程师审核后交业主，由业主做答复。

单项索赔通常处理及时，实际损失易于计算。例如，工程师指令将某分项工程混凝土改为钢筋混凝土，对此只需提出与钢筋有关的费用索赔即可。

（2）总索赔。总索赔又称作"一揽子"索赔或综合索赔。一般在工程竣工前，承包人将施工过程中未解决的单项索赔集中起来，提出总索赔报告。合同双方在工程交付前后进行最终谈判，以"一揽子"方案解决索赔问题。

通常，在如下几种情况下采用"一揽子"索赔。

①在施工过程中，有些单项索赔原因和影响都很复杂，不能立即解决，或双方对合同的解释有争议，而合同双方都要忙于合同实施，可协商将单项索赔留到工程后期解决。

②业主拖延答复单项索赔，使施工过程中的单项索赔得不到及时解决。在国际工程中，有的业主就以拖的办法对待索赔，常常使索赔和索赔谈判旷日持久，导致许多索赔要求集中起来。

③在一些复杂的工程中，当干扰事件多，几个干扰事件同时发生，或有一定的连贯性，互相影响大，难以一一分清，则可以综合在一起提出索赔。

总索赔特点如下：

①处理和解决都很复杂，由于施工过程中的许多干扰事件融合在一起，使得原因、责任和影响分析较为困难。索赔报告的起草、审阅、分析、评价难度大。

由于解决费用、时间补偿的拖延，这种索赔的最终解决还会连带引起利息的支付，违约金的扣留，预期的利润补偿，工程款的最终结算等问题。这会加剧索赔解决的困难程度。

②为了索赔的成功，承包人必须保存全部的工程资料和其他作为证据的资料，这使得工程项目的文档管理任务极为繁重。

③索赔的集中解决使索赔额集中起来，造成谈判的困难。由于索赔额大，双方都不愿或不敢作出让步，所以，争执更加激烈。通常在最终"一揽子"方案中，承包商往往必须作出较大让步，有些重大的"一揽子"索赔谈判一拖几年，花费大量的时间和金钱。

对索赔额大的"一揽子"索赔，必须成立专门的索赔小组负责处理。在国际承包工程中，通常聘请法律专家，索赔专家，或委托咨询公司、索赔公司进行索赔管理。

④由于合理的索赔要求得不到解决，影响承包人的资金周转和施工速度，影响承包人履行合同的能力和积极性。这样会影响工程的顺利实施和双方的合作。

二、工程索赔的原因

在工程建设中索赔是经常发生的，其主要原因如下。

1. 发包人违约

发包人违约包括发包人、监理人及承包人没有履行合同责任，没有正确地行使合同赋予的权力，以及工程管理失误等，常常表现为没有按照合同约定履行自己的义务。监理人未能按照合同约定完成工作，如未能及时发出图纸、指令等也视为发包人违约。其主要体现在以下几个方面：

（1）没有按施工合同规定的时间和要求提供施工场地，使承包商的施工人员、设备不能进场或进场后不能正常施工，使工期拖延。

（2）由于筹备时间短而未按合同规定的时间及时交付设计图纸和设计资料，致使工程延期开工，施工过程中不能连续均衡有效地组织正常施工。

（3）业主未按约定的时间提供材料设备。如果业主所供应的材料、设备到货与协议条款不符，单价、种类、规格、数量、质量等级与合同规定不符，到货日期早于或晚于规定的协议时间等，都有可能对工程施工造成影响。

（4）业主在规定的时间内任意拖延支付工程款。当业主没有能力或拖期支付时，不仅要支付工程款的利息，还要承担可能发生停工的间接影响的结果。

（5）业主或监理工程师对承包商在施工过程中，提出的应由业主负责解决的问题久拖不定。监理工程师应按照合同的要求行使自己的权利，履行合同约定的职责，及时向承包商提供所需的指令、批准、图纸等。

（6）业主或监理工程师工作错误及对承包商施工的项目进行苛刻检查。实际工作中，由于具体工作人员的工作经历，业务水平，思想素质、工作方法等原因，往往会造成双方工作的不协调，其中因业主代表造成的影响会成为索赔的主要原因。业主代表工作的错误表现为：不正确的纠正；难以实施的要求；对正常施工工序造成干扰；对工程苛刻检查。

（7）业主所指定分包商违约。业主指定的分包商是指承包商的分包单位是业主确定的，或是指业主指定的材料或设备的供应商。从而形式上，业主指定的分包商应该接受总承包方的管理，但业主很难推脱因其指定和授意的连带责任。

（8）业主或监理工程师未能在规定时间内发出有关指令，批复各种业务联系书，如进度款签证、移交证书等。

2. 合同缺陷

合同缺陷如合同条文不全、错误、矛盾、有二义性，设计图纸、技术规范错误等，表现为合同文件规定不严谨甚至矛盾、合同中的遗漏或错误。在这种情况下，工程师应当给予解释，如果这种解释将导致成本增加或工期延长，发包人应当给予补偿。合同在实施过程中，经常发现会有以下问题。

（1）合同条款规定用语含糊，不够准确，难以分清双方的责任和权益。

（2）合同条款中存在着漏洞，对实际各种可能发生的情况未作预测和规定，缺少某些必不可少的条款。

（3）合同条款之间互为矛盾。即在不同的条款和条文中，对同一问题的规定和解释要求不一致。

（4）合同的某些条款中隐含着较大的风险。即对承包商方面要求过于苛刻，约束条款不对等、不平衡，有时发现某些条款是一种故意设置的圈套。

签订合同所发现的合同本身存在的问题应该按照合同缺陷进行处理。

3. 合同变更

如双方签订新的变更协议、备忘录、修正案，发包人下达工程变更指令等，都会造成合同变更。

（1）设计变更。设计变更的两种情况，即完善性设计变更和修改性设计变更。

①完善性设计变更是在实施原设计的施工中不进行技术改动将无法进行施工的变更。经常表现为设计遗漏，土建及安装图纸相互矛盾，局部内容有缺陷；

②修改性设计变更是并非设计的原因而对原设计工程内容进行的设计修改。

（2）施工组织设计变更。施工方法、方案变更，是指在执行经业主批准的施工组织设计和进度计划时，因具体情况发生变化对某具体施工方法进行修改，这种对施工方法的修改必须报业主代表批准方可执行。

（3）业主代表及其委派的指令。业主代表代表了业主单位的利益，反映业主单位的意愿，在行使其合同权利，履行合同约定的职责时，为保证工程达到既定的目标，可以对其管理的范围发布必要的，以至干预性的现场指令。

（4）有意提高设备、原材料的质量标准引起的合同差价。

（5）业主或监理工程师指令承包商采取加速施工措施以加快工程进度。

（6）图纸设计有误或由于业主监理工程师指令错误，造成工程返工、窝工、待工，甚至停工等。

4. 工程环境变化

工程项目本身和工程环境有许多不确定性，技术环境、经济环境、政治环境、法律环境等的变化都会导致工程的计划实施过程与实际情况不同，这些因素都会导致施工工期和费用变化，承包商可依据相关合同条款进行索赔。其主要因素如下：

（1）建筑工程材料价格上涨，人工工资标准的提高。

（2）银行贷款利率调整，以及货币贬值给承包商带来的汇率损失。

（3）国家有关部门在工程中推广、使用某些新设备、施工新技术的特殊规定。

（4）国家对某种设备建筑材料限制进口、提高关税的规定等。

5. 不可抗力

（1）不可抗力的含义。不可抗力是指合同当事人在签订合同时不可预见，在合同履行过程中不可避免且不能克服的自然灾害和社会性突发事件，如地震、海啸、瘟疫、骚乱、戒严、暴动、战争和专用合同条款中约定的其他情形。

（2）不可抗力事件损失承担原则。不可抗力导致的人员伤亡、财产损失、费用增加（或）工期延误等后果，由合同当事人按以下原则承担：

①永久工程、已运至施工现场的材料和工程设备的损坏，以及因工程损坏造成的第三人人员伤亡和财产损失由发包人承担。

②承包人施工设备的损坏由承包人承担。

③发包人和承包人承担各自人员伤亡和财产损失。

④因不可抗力影响承包人履行合同约定的义务，已经引起或将引起工期延误的，应当顺延工期，由此导致承包人停工的费用损失由发包人和承包人合理分担，停工期间必须支付的工人工资由发包人承担。

⑤因不可抗力引起或将引起工期延误，发包人要求赶工的，由此增加的赶工费用由发包人承担。

⑥承包人在停工期间按照发包人要求照管、清理和修复工程的费用由发包人承担。

不可抗力发生后，合同当事人均应采取措施尽量避免和减少损失的扩大，任何一方当事人没有采取有效措施导致损失扩大的，应对扩大的损失承担责任。

6. 其他第三方原因

其他第三方原因是与工程相关的其他第三方所发生的问题而引起的对本工程的不利影响，通常表现的情况是复杂多样的。如业主指定的分包商出现工程质量不合格、工程进度延误等违约情况；合同供应材料单位倒闭导致材料供应突然中断；铁路运输正值春运高峰，正常物资运输压站，使安装设备进场迟于计划日期等。诸如此类问题的发生，客观上给承包商造成施工停顿、等候、多支付费用等情况。因此，其他第三方原因造成索赔事件也就不难理解了，但如果第三方只是单独与承包商发生合同关系时，业主就完全有理由拒绝承包商的施工索赔要求。

三、工程索赔的技巧

工程索赔的技巧是为索赔的策略目标服务的，因此，在确定了索赔的策略目标之后，索赔技巧就显得格外重要，它是索赔策略的具体体现。索赔技巧应因人、因客观环境条件而异。

1. 要及早发现索赔机会

一个有经验的承包人，在投标报价时就应考虑将来可能要发生索赔的问题，要仔细研究招标文件中合同条款和规范，仔细查勘施工现场，探索可能索赔的机会，在报价时要考虑索赔的需要。在进行单价分析时，应列入生产效率，把工程成本与投入资源的效率结合起来，这样，在施工过程中论证索赔原因时，可引用效率降低来论证索赔的根据。

在索赔谈判中，如果没有生产效率降低的证据资料，则很难说服监理工程师和发包人，索赔无取胜可能。反而可能被认为，生产效率的降低是承包人施工组织不好，没有达到投标时的效率，应采取措施提高效率，赶上工期。

要论证效率降低，承包人应做好施工记录，记录好每天使用的设备、工时、材料和人工数量、完成的工程量和施工中遇到的问题。

2. 商签好合同协议

在商签合同过程中，承包人应对明显把重大风险转嫁给承包人的合同条件提出修改的要求，对其达成修改的协议应以"谈判纪要"的形式写出，作为该合同文件的有效组成部分。要对发包人开脱责任的条款特别注意，例如，合同中不列索赔条款；拖期付款无时限，无利息；没有调价公式；发包人认为对某部分工程不够满意，即有权决定扣减工程款；发包人对不可预见的工程施工条件不承担责任等。如果这些问题在签订合同协议时不谈判清楚，承包人就很难有索赔的机会。

3. 对口头变更指令要得到确认

监理工程师口头发出指令变更，如果承包人不对监理工程师的口头指令予以书面确认，就进行变更工程的施工，此后，有的监理工程师矢口否认，拒绝承包人的索赔要求，使承包人有苦难言，索赔无证据。

4. 及时发出索赔通知书

一般合同规定，索赔事件发生后的一定时间内，承包人必须送出索赔通知书，过期无效。

5. 索赔事件论证要充足

承包合同通常规定，承包人在发出"索赔通知书"后，每隔 28 天，应报送一次证据资料，在索赔事件结束后的 28 天内报送总结性的索赔计算及索赔论证，提交索赔报告。索赔报告一定要令人信服，经得起推敲。

6. 索赔计价方法和款额要适当

索赔计算时采用"附加成本法"容易被对方接受，因为这种方法只计算索赔事件引起的计划外的附加开支，计价项目具体，使经济索赔能较快得到解决。另外，索赔计价不能过高，要价过高容易让对方发生反感，使索赔报告束之高阁，长期得不到解决。

另外，还有可能让发包人准备周密的反索赔计价，以高额的反索赔对付高额的索赔，使索赔工作更加复杂化。

7. 力争友好解决，防止对立情绪

索赔争端是难免的，如果遇到争端不能理智协商讨论问题，会使一些本来可以解决的问题悬而未决。承包人尤其要头脑冷静，防止对立情绪，力争友好解决索赔争端。

8. 注意同监理工程师搞好关系

监理工程师是处理解决索赔问题的关键第三方，注意同监理工程师搞好关系，争取监理工程师的公正裁决，竭力避免仲裁或诉讼。

总之，索赔工作关系着施工企业的经济利益。施工管理人员应重视索赔、知道索赔、善于索赔。必须做到理由充分，证据确凿，按时签证，讲究谈判技巧，并把索赔工作贯穿于施工的全过程。同时，加强施工管理，提高管理水平，降低成本，为企业创造更大的利润空间。

四、工程索赔的预防与处理

1. 工程索赔的预防

(1)加强索赔的前瞻性预防。作为业主、监理工程师和承包商，都要借助自己的经验和有关规定，采取积极的措施防止可以预见的索赔事件的发生。如加强合同管理、加强前期准备工作、加强对设计方案的审查等。但如果索赔确实发生了，应积极采取措施，把索赔费用控制在最小范围之内。

(2)在市场经济条件下，合同是约束甲乙双方经济行为的准绳。作为业主方的管理人员应注意全面、严格地履行合同。合同在签约前应反复斟酌合同条款，注重合同文件文字的严密性，以防止在实施合同过程中因文字漏洞而造成索赔机会，从而导致额外投资。

在设计管理方面应努力做到按合同规定索要设计图纸、资料，并要求设计单位提高设计质量，在条件允许的情况下引入设计竞争机制，提高设计服务质量。通过设计招标选择在信誉、设计水平、管理能力等方面较好的设计单位，尽可能地减少因设计原因增加工程造价的风险，提高设计后期服务质量。

(3)在物资供应方面，应做到设备和材料供应按时，保质保量。尽量避免因材料供应的规格型号、品种与图纸不符而造成材料代用。

(4)对于物价上涨可能引起的索赔，可以通过施工招标、采取将涨价作为风险一次包死的做法来加以防范，即在商签合同时，根据工期长短、市场物价走势的预测，双方商定一个风险费用给承包商，并在合同中规定建设期间国家、地方政府的政策性调价文件一律不再执行。

2. 工程索赔的处理

(1)应以合同为依据。处理索赔时必须做到有理有据；必须注意资料的收集、对资料的真实性、可信度，必须认定后及时地处理索赔；在具体处理索赔的过程中，一定要仔细分析，什么时候应该给工期索赔，什么时候应该给费用索赔。例如，天气条件极其恶劣，已超出了预想的正常雨雪天气，严重阻碍了工程的进展，这个时候，施工单位可以要求，业主也可以批准延长工期，即工期索赔成立，但不应出现费用索赔；再如，在工程的全面展开时期，部分工程发生变更，施工单位对变更已完部分及等待图纸时该部分的施工人员及机械要求索赔，此时，对于已完部分的索赔，应该全部给付，其中包括成本和利润，但对于停滞的人员和机械，由于正值施工旺季，完全可以先把此部分人员、机械调到别处使用，所应赔付的应该只是更换工作地点及工种的工效降低费。

（2）在处理索赔事件时应进行时效检查。对于超出规定时效期限的索赔，视具体情况有权拒绝，同时对有效索赔应及时进行处理。

（3）应分清责任，严格审核费用。对实际发生的索赔事件，往往是合同双方均负有责任，对此要查明原因，分清责任，并根据合同规定的计价方式进行审核，以确定合同双方应承担的费用。

（4）应在工作中加强主动控制，减少工程索赔。这就要求业主在工程管理过程中，应当尽量将工作做在前面，减少索赔事件的发生。这样能够使工程更顺利地进行，降低工程投资，减少施工工期。

第二节　工程索赔的程序

一、承包人的索赔

1. 索赔意向通知

发现索赔或意识到存在索赔机会后，承包人要做的第一件事就是要将自己的索赔意向书面通知给工程师（发包人）。在干扰事件发生后，承包商必须抓住索赔机会，迅速作出反应，在索赔事件发生 28 天内，向工程师和业主递交索赔意向通知。及时向工程师（发包人）通知索赔意向，不仅是取得补偿的必须首先遵守的基本要求之一，也是承包人在整个合同实施期间保持良好的索赔意识的最好方法。如果超过这个期限，工程师和业主有权拒绝承包商提出的索赔要求。

索赔意向通知，通常包括以下四个方面的内容：

（1）事件发生的时间和情况的简单描述。

（2）合同依据的条款和理由。

（3）有关后续资料的提供，包括及时记录和提供事件发展的动态。

（4）对工程成本和工期产生的不利影响的严重程度，以期引起工程师（发包人）的注意。

2. 索赔报告提交

索赔报告是向对方提出索赔要求的书面文件，是承包人对索赔事件的处理结果，也是业主审议承包人索赔请求的主要依据。

承包人应在发出索赔意向通知后的 28 天内，向监理工程师提交补偿经济损失和（或）延长工期的索赔报告及有关资料。

索赔报告的内容应包括索赔的合同依据、索赔的详细理由、索赔事件发生的经过、索赔的要求（金额或工程延期的天数）及计算方法，并要附相应的证明材料。

如果索赔事件的影响持续存在，在合同规定的期限内还不能计算出索赔额和工期展延天数时，承包人应按监理工程师合理要求的时间间隔，定期连续提交每一个时间段内的索赔证据资料和索赔要求。在该项索赔事件的影响结束后，提交最终详细报告，提出索赔论证资料和累计索赔额。

索赔报告的具体内容随该索赔事件的性质和特点而有所不同。但从报告的必要内容与文字结构方面而论，一个完整的索赔报告应包括以下四个部分：

(1)总论部分。一般包括序言、索赔事项概述、具体索赔要求、索赔报告编写及审核人员名单内容。

报告中首先应概要地论述索赔事件的发生日期与过程，施工单位为该索赔事件所付出的努力和附加开支，施工单位的具体索赔要求。在总论部分最后，附上索赔报告编写组主要人员及审核人员的名单，注明有关人员的职称、职务及施工经验，以表示该索赔报告的严肃性和权威性。

(2)依据部分。本部分主要是说明自己具有的索赔权利，这是索赔能否成立的关键。依据部分的内容主要来自该工程项目的合同文件，并参照有关法律规定。该部分中施工单位应引用合同中的具体条款，说明自己理应获得经济补偿或工期延长。

(3)计算部分。索赔计算的目的是以具体的计算方法和计算过程，说明自己应得经济补偿的款额或延长时间。切忌采用笼统的计价方法和不实的开支款额。

(4)证据部分。证据部分包括该索赔事件所涉及的一切证据资料，以及对这些证据的说明。对重要的证据资料最好附以文字证明或确认件。

3. 工程师审核索赔报告

(1)工程师审核承包人的索赔申请。接到承包人的索赔意向通知后，工程师应建立自己的索赔档案，密切关注事件的影响，检查承包商的同期记录时，随时就记录内容提出他的不同意见之处或他希望应予以增加的记录项目。

在接到正式索赔报告以后，认真研究承包商报送的索赔资料。首先在不确认责任归属的情况下，客观分析事件发生的原因，依据合同的有关条款，研究承包商的索赔证据，并检查他的同期记录；其次通过对事件的分析，工程师再依据合同条款划清责任界限，如果必要时还可以要求承包人进一步提供补充资料。尤其是对承包人与业主或工程师都负有一定责任的事件影响，更应划出各方应该承担合同责任的比例。最后再审查承包人提出的索赔补偿要求，剔除其中的不合理部分，拟定自己计算的合理索赔款额和工期延展天数。

《示范文本》规定：

①监理人应在收到索赔报告后14天内完成审查并报送发包人。监理人对索赔报告存在异议的，有权要求承包人提交全部原始记录副本。

②发包人应在监理人收到索赔报告或有关索赔的进一步证明材料后的28天内，由监理人向承包人出具经发包人签认的索赔处理结果。发包人逾期答复的，则视为认可承包人的索赔要求。

③承包人接受索赔处理结果的，索赔款项在当期进度款中进行支付；承包人不接受索赔处理结果的，按照争议解决约定处理。

(2)索赔成立条件。工程师判定承包人索赔成立的条件如下：

①与合同相对照，事件已造成了承包人施工成本的额外支出，或直接工期损失。

②造成费用增加或工期损失的原因，按合同约定不属于承包人的行为责任或风险责任。

③承包人按合同规定的程序提交了索赔意向通知和索赔报告。

上述三个条件没有先后主次之分，应当同时具备。只有工程师认定索赔成立后，才按一定程序处理。

4. 索赔谈判

经过监理工程师对索赔报告的评审，与承包人进行了较充分的讨论后，监理工程师应提出索赔处理决定的初步意见，并参加发包人和承包人进行的索赔谈判，通过谈判，作出索赔的最后决定。

二、发包人的索赔

承包人未能按合同约定履行自己的各项义务或发生错误而给发包人造成损失时，发包人也应按合同约定向承包人提出索赔，也称反索赔。

《示范文本》相关规定如下：

(1)发包人认为有权得到赔付金额和(或)延长缺陷责任期的，监理人应向承包人发出通知并附有详细的证明。

(2)发包人应在知道或应当知道索赔事件发生后28天内通过监理人向承包人提出索赔意向通知书，发包人未在前述28天内发出索赔意向通知书的，丧失要求赔付金额和(或)延长缺陷责任期的权利。发包人应在发出索赔意向通知书后28天内，通过监理人向承包人正式递交索赔报告。

(3)对发包人索赔的处理如下：

①承包人收到发包人提交的索赔报告后，应及时审查索赔报告的内容、查验发包人证明材料。

②承包人应在收到索赔报告或有关索赔的进一步证明材料后28天内，将索赔处理结果答复发包人。如果承包人未在上述期限内作出答复的，则视为对发包人索赔要求的认可。

③承包人接受索赔处理结果的，发包人可从应支付给承包人的合同价款中扣除赔付的金额或延长缺陷责任期；发包人不接受索赔处理结果的，按争议解决约定处理。

第三节　建设工程施工合同索赔的计算

一、工期索赔

在工程施工中，常常会发生一些未能预见的干扰事件使施工不能顺利进行，使预定的施工计划受到干扰，结果造成工期延长。工程延误是指工程实施过程中任何一项或多项工作实际完成日期迟于计划规定的完成日期，从而可能导致整个合同工期的延长。

工程延误对合同双方一般都会造成损失：业主因工程不能及时交付使用、投入生产，就不能按计划实现投资效果，失去盈利机会，损失市场利润；承包人因工期延误而会增加工程成本，如现场工人工资开支、机械停滞费用、现场和企业管理费等，生产效率降低，企业信誉受到影响，最终还可能导致遭受合同规定的工程延期处罚。

因此，工程延误的后果是形式上的时间损失，实质上的经济损失。工程工期是业主和承包人经常发生争议的问题之一，工期索赔在整个索赔中占据了很高的比例，也是承包人索赔的重要内容之一。

在工期索赔计算中，要在对干扰事件工程活动的影响分析基础上，计算干扰事件对整个工期的影响，即工期索赔值。常用的计算工期索赔的方法有如下几种。

1. 网络图分析法

网络图分析法是利用进度计划的网络图分析其关键线路，如果延误的工作为关键工作，则延误的时间为索赔的工期；如果延误的工作为非关键工作，当该工作由于延误超过时差限制而成为关键工作时，可以索赔延误时间与时差的差值；若该工作延误后仍为非关键工作，则不存在工期索赔的问题。

网络图分析法的一般思路是假设工程一直按原网络计划确定的施工顺序和时间施工，当一个或一些干扰事件发生后，使网络中的某个或某些活动受到干扰而延长施工持续时间。将这些活动受干扰后的新的持续时间代入网络中，重新进行网络分析和计算，即会得到一个新工期。新工期与原工期之差即干扰事件对总工期的影响，即承包人的工期索赔值。网络分析是一种科学、合理的计算方法，是通过分析干扰事件发生前、后网络计划之差异而计算工期索赔值的，通常可适用于各种干扰事件引起的工期索赔。但对于大型、复杂的工程，手工计算比较困难，需借助计算机来完成。

2. 比例分析法

在实际工程中，干扰事件常常仅影响某些单项工程、单位工程，或分部分项工程的工期，要分析它们对总工期的影响，可以采用更为简单的比例分析方法。如果某干扰事件仅仅影响某单项工程、单位工程或分部分项工程的工期，要分析其对总工期的影响，可以采用比例分析法。

(1)采用比例分析法时，工期索赔值可以按工程量的比例进行分析。例如，某工程基础施工中出现了意外情况，导致工程量由原来的 2 800 m³ 增加到 3 500 m³，原定工期是40 天，则承包商可以提出的工期索赔值如下：

工期索赔值＝原工期×新增工程量/原工程量＝40×(3 500－2 800)/2 800＝10(天)

假设如果合同规定工程量增减 10% 为承包商应承担的风险，则工期索赔值如下：

工期索赔值＝40×(3 500－2 800×110%)/2 800＝6(天)

(2)采用比例分析法时，工期索赔值也可以按照造价的比例进行分析。例如，某工程合同价为 1 200 万元，总工期为 24 个月，施工过程中业主增加额外工程 200 万元，则承包商提出的工期索赔值为

工期索赔值＝原合同工期×附加或新增工程造价/原合同总价＝24×200/1 200＝4(个月)

比例分析法简单、方便，易于被人们理解和接受，但不尽科学、合理，有时不符合工程实际情况，且对有些情况如业主变更施工次序等不适用，甚至会得出错误的结果。因此，在实际工作中应予以注意，正确掌握其适用范围。

3. 直接法

有时干扰事件直接发生在关键线路上或一次性地发生在一个项目上，造成总工期的延误。这时可通过查看施工日志、变更指令等资料，直接将这些资料中记载的延误时间作为工期索赔值。如承包人按工程师的书面工程变更指令，完成变更工程所用的实际工时即为工期索赔值。

二、费用索赔

费用索赔是承包单位在由于外界干扰事件的影响使自身工程成本增加而蒙受经济损失的情况下，按照合同规定提出的要求补偿损失的要求。

1. 费用索赔的原则

(1)合理性原则。索赔值的计算是在成本计划和成本核算基础上，通过计划和实际成本对比进行的。实际成本的核算必须与计划成本(报价成本)的核算有一致性，而且符合通用的会计核算原则。

(2)合同原则。费用索赔计算方法符合合同的规定。赔偿实际损失原则，并不能理解为必须赔偿承包商的全部实际费用超支和成本的增加。在实际工程中，许多承包商常常以自己的实际生产值、实际生产效率、工资水平和费用开支水平计算索赔值，以为这即赔偿实际损失原则，这是一种误解。这样，常常会过高地计算索赔值而使整个索赔报告被对方否定。

(3)实际损失原则。费用索赔都以赔(补)偿实际损失为原则。在费用索赔计算中，其体现在以下几个方面：

①实际损失，即干扰事件对承包商工程成本和费用的实际影响。这个实际影响即可作为费用索赔值。按照索赔原则，承包商不能因为索赔事件而受到额外的收益或损失，索赔对业主不具有任何惩罚性质。

②所有干扰事件引起的实际损失，以及这些损失的计算，都应有详细的具体的证明。在索赔报告中必须出具这些证据。没有证据，索赔要求是不能成立的。

③当干扰事件属于对方的违约行为时，如果合同中有违约金条款，按照合同法原则，先用违约金补充实际损失，不足的部分再赔偿。

(4)有利的计算方法原则。如果选用不利的计算方法，会使索赔值计算过低，使自己的实际损失得不到应有的补偿。通常索赔值中应包括以下几个方面因素：

①对方的反索赔。在承包商提出索赔后，对方常常采取各种措施反索赔，以抵消或降低承包商的索赔值。例如，在索赔报告中寻找薄弱环节，以否定其索赔要求；抓住承包商工程中的失误或问题，向承包商提出罚款、扣款或其他索赔，以平衡承包商提出的索赔。

②承包商所受的实际损失。它是索赔的实际期望值，也是最低目标。如果最后承包商通过索赔从业主处获得的实际补偿低于这个值，则导致亏本。有时承包商还希望通过索赔弥补自己其他方面的损失，如报价低、报价失误、合同规定风险范围内的损失、施工中管理失误造成的损失等。业主的管理人员(监理工程师或业主代表)需要反索赔的业绩和成就感，会积极地进行反索赔。

③最终解决中的让步。对重大的索赔，特别对重大的"一揽子"索赔，在最后解决中，承包商常常必须作出让步，即在索赔值上打折扣，以争取对方对索赔的认可，争取索赔的早日解决。

2. 费用索赔的组成

(1)人工费。索赔费用中的人工费是指完成合同之外的额外工作所花费的人工费用，由于非承包商责任的工效降低所增加的人工费用，超过法定工作时间加班劳动，法定人工费增长以及非承包商责任工程延期导致的人员窝工费和工资上涨费等。

在以下几种情况下，承包人可以提出人工费的索赔：

①因业主增加额外工程，或因业主或工程师原因造成工程延误，导致承包人人工单价的上涨和工作时间的延长。

②工程所在国法律、法规、政策等变化而导致承包人人工费用方面的额外增加，如提高当地雇用工人的工资标准、福利待遇或增加保险费用等。

③由于业主或工程师原因造成的延误或对工程的不合理干扰打乱了承包人的施工计划，致使承包人劳动生产率降低，导致人工工时增加的损失，承包人有权向业主提出生产率降低损失的索赔。

(2)材料费。材料费的索赔包括由于索赔事项材料实际用量超过计划用量而增加的材料费、由于客观原因材料价格大幅度上涨而增加的材料费、由于非承包商责任工程延期导致的材料价格上涨和超期储存费用。材料费中应包括运输费、仓储费，以及合理的损耗费用。如果由于承包商管理不善，造成材料损坏失效，则不能列入索赔计价。

可索赔的材料费主要包括以下几项：

①由于索赔事项导致材料实际用量超过计划用量而增加的材料费。

②由于客观原因导致材料价格大幅度上涨。

③由于非承包人责任工程延误导致的材料价格上涨。

④由于非承包人原因致使材料运杂费、采购与保管费用的上涨。

⑤由于非承包人原因致使额外低值易耗品使用等。

在以下两种情况下，承包人可提出材料费的索赔：

①由于业主或工程师要求追加额外工作、变更工作性质、改变施工方法等，造成承包人的材料耗用量增加，包括使用数量的增加和材料品种或种类的改变。

②在工程变更或业主延误时，可能会造成承包人材料库存时间延长、材料采购滞后或采用代用材料等，从而引起材料单位成本的增加。

(3)施工机械使用费。施工机械使用费的索赔包括由于完成额外工作增加的机械使用费、非承包商责任工效降低增加的机械使用费、由于业主或监理工程师原因导致机械停工的窝工费。

可索赔的机械设备费主要包括以下几项：

①由于完成额外工作增加的机械设备使用费。

②非承包人责任致使的工效降低而增加的机械设备闲置、折旧和修理费分摊、租赁费用。

③由于业主或工程师原因造成的机械设备停工的窝工费。机械设备台班窝工费的计算，如系租赁设备，一般按实际台班租金加上每台班分摊的机械调进调出费计算；如系承包人自有设备，一般按台班折旧费计算，而不能按全部台班费计算，因台班费中包括了设备使用费。

④非承包人原因增加的设备保险费、运费及进口关税等。

（4）分包费用。分包费用索赔是指分包商的索赔费，一般也包括人工、材料、机械使用费的索赔。分包商的索赔应如数列入总承包商的索赔款总额以内。

（5）现场管理费。索赔款中的现场管理费是指承包商完成额外工程、索赔事项工作及工期延长期间的现场管理费。

现场管理费一般包括现场管理人员的费用、办公费、通信费、差旅费、固定资产使用费、工具用具使用费、保险费、工程排污费、供热、水及照明费等。它一般占工程总成本的 5%～10%。

（6）利息。在索赔款额的计算中，经常包括利息。利息的索赔通常在下列情况中发生延期付款的利息、错误扣款的利息。

利息的索赔通常发生于下列情况：

①业主拖延支付预付款、工程进度款或索赔款等，给承包人造成较严重的经济损失，承包人因而提出拖付款的利息索赔。

②由于工程变更和工期延误增加投资的利息。

③施工过程中业主错误扣款的利息。

（7）总部（企业）管理费。索赔款中的总部管理费主要指的是工程延期期间所增加的管理费。

总部管理费一般包括总部管理人员费用、企业经营活动费用、差旅交通费、办公费、通信费、固定资产折旧、修理费、职工教育培训费用、保险费、税金等。它一般占企业总营业额的 3%～10%。

（8）利润。一般来说，由于工程范围的变更、文件有缺陷或技术性错误、业主未能提供现场等引起的索赔，承包商可以列入利润。但对于工程暂停的索赔，由于利润通常是包括在各项实施工程内容的价格之内的，而延长工期并未影响削减某些项目的实施，也未导致利润减少。

承包人一般在以下几种情况可以提出利润索赔：

①因设计变更等变更引起的工程量增加。

②施工条件变化导致的索赔。

③施工范围变更导致的索赔。

④合同延期导致机会利润损失。

⑤由于业主的原因终止或放弃合同带来预期利润损失等。

3. 费用索赔的计算

索赔费用的计算方法有实际费用法、总费用法和修正的总费用法。

（1）实际费用法。实际费用法是计算工程索赔时最常用的一种方法。这种方法的计算原则是以承包商为某项索赔工作所支付的实际开支为根据，向业主要求费用补偿。

用实际费用法计算时，在直接费的额外费用部分的基础上，再加上应得的间接费和利润，即是承包商应得的索赔金额。由于实际费用法所依据的是实际发生的成本记录或单据，所以，在施工过程中，系统而准确地积累记录资料是非常重要的。

(2)总费用法。总费用法就是当发生多次索赔事件以后，重新计算该工程的实际总费用，实际总费用减去投标报价时的估算总费用，即索赔金额，即

$$索赔金额＝实际总费用－投标报价估算总费用$$

因在实际发生的总费用中可能包括了承包商的原因，如施工组织不善而增加的费用；同时，投标报价估算的总费用也可能为了中标而过低，所以，这种方法只有在难以采用实际费用法时才应用。

(3)修正的总费用法。修正的总费用法是对总费用法的改进，即在总费用计算的原则上，去掉一些不合理的因素，使其更合理。修正的内容如下：将计算索赔款的时段局限于受到外界影响的时间，而不是整个施工期；只计算受影响时段内的某项工作所受影响的损失，而不是计算该时段内所有施工工作所受的损失；与该项工作无关的费用不列入总费用中；对投标报价费用重新进行核算：按受影响时段内该项工作的实际单价进行核算，乘以实际完成的该项工作的工程量，得出调整后的报价费用。

按修正后的总费用计算索赔金额的公式如下：

$$索赔金额＝某项工作调整后的实际总费用－该项工作的报价费用$$

修正后的总费用法与总费用法相比，有了实质性的改进，它的准确程度已接近于实际费用法。

第四节　工程索赔案例分析

一、案例一

【背景资料】

建设单位 A 与总承包公司 B 于 5 月 30 日签订了某科研实验楼的总承包合同。合同中约定了变更工作事项。B 公司编制了施工组织设计与进度计划，并获得监理工程师批准。

B 公司将工程桩分包给 C 公司，并签订了分包合同，施工内容为混凝土灌注桩 600 根，桩直径为 600 mm，桩长为 20 m，混凝土充盈系数为 1.1。分包合同约定，6 月 18 日开工，7 月 17 日完工。打桩工程直接费单价为 280 元/m³，综合费费率为直接费的 20%。

在施工过程中发生了下列事件：

事件一：由于 C 公司桩机故障，C 公司于 6 月 16 日以书面形式向 B 公司提交了延期开工申请，工程于 6 月 21 日开工。

事件二：由于建设单位图纸原因，监理工程师发出 6 月 25 日开始停工、6 月 27 日复工指令。7 月 1 日开始连续下一周罕见大雨，工程桩无法施工，停工 7 天。

事件三：7月10日，由于建设单位图纸变更，监理工程师下达指令，增加100根工程桩(桩型同原工程桩)。B公司书面向监理工程师提出了索赔申请。

【问题】

事件一：C公司提出的延期申请是否有效？并说明理由。

事件二：工期索赔是否成立？并说明理由。如果成立索赔工期为多少天？

事件三：可索赔工期多少天？列出计算式。合理的索赔金额是多少(保留小数点后两位)？并列出计算式。

【案例解析】

事件一：C公司提出的延期申请无效。理由：桩机故障属C公司自己的责任，因此，造成的工程延期无法索赔。

事件二：工期索赔是成立的。理由：因建设单位图纸原因造成的工期损失，由建设单位承担，可以索赔2天；罕见大雨属不可抗力，不可抗力造成的工期损失由建设单位承担，可以索赔7天。总计可以索赔为2＋7＝9(天)。

事件三：

可索赔工期为 $100÷(600/30)＝5$(天)，可以索赔5天；

合理的索赔金额为 $π×0.3^2×20×1.1×100×280×(1＋20\%)＝208\ 897.92$(元)

二、案例二

【背景资料】

某建筑公司(乙方)于某年4月20日与某厂(甲方)签订了修建一厂房(带地下室)的施工合同。乙方编制的施工方案和进度计划已获监理工程师批准。该工程的基坑开挖土方为4 500 m³，假设直接费单价为4.2元/m³，综合费费率为直接费的20%。该基坑施工方案规定：土方工程采用租赁一台斗容量为1 m³的反铲挖掘机施工(租赁费450元/台班)。甲、乙双方合同约定5月11日开工，5月20日完工。

在实际施工中发生了如下几项事件：

事件一：因租赁的挖掘机大修，晚开工2天，造成人员窝工10个工日。

事件二：施工过程中，因遇软土层，接到监理工程师5月15日停工的指令，进行地质复查，配合用工15个工日。

事件三：5月19日接到监理工程师于5月20日复工令，同时提出基坑开挖深度加深2 m的设计变更通知单，由此增加土方开挖量900 m³。

事件四：5月20—22日，因下大雨迫使基坑开挖暂停，造成人员窝工10个工日。

事件五：5月23日用30个工日修复冲坏的永久道路，5月24日恢复挖掘工作，最终基坑于5月30日挖坑完毕。

【问题】

1. 建筑公司对上述哪些事件可以向厂方要求索赔，哪些事件不可以要求索赔，并说明原因。

2. 每项事件工期索赔各是多少天？总计工期可索赔是多少天？

3. 假设人工费单价为 23 元/工日，因增加用工所需的管理费为增加人工费的 30％，则合理的索赔费用总额是多少？

【案例解析】

1. 事件一：索赔不成立。因此事件发生原因属承包商自身责任。

事件二：索赔成立。因该施工地质条件的变化是一个有经验的承包商所无法合理预见的。

事件三：索赔成立。这是因设计变更引发的索赔。

事件四：索赔成立。这是因特殊反常的恶劣天气造成工程延误。

事件五：索赔成立。因恶劣的自然条件或不可抗力引起的工程损坏及修复应由业主承担责任。

2. 事件二：索赔工期 5 天(5 月 15—19 日)。

事件三：索赔工期 2 天。

因增加工程量引起的工期延长，按批准的施工进度计划计算。原计划每天完成工程量为

$$4\,500 \div 10 = 450(\text{m}^3)$$

现增加工程量 900 m³，因此应增加工期为

$$900 \div 450 = 2(\text{天})$$

事件四：索赔工期 3 天(5 月 20—22 日)。

事件五：因自然灾害造成的工期延误责任由业主承担，索赔 1 天。

共计索赔工期为 5＋2＋3＋1＝11(天)

3. 事件二：

(1)人工费：15×23＝345(元)(注：增加的人工费应按人工费单价计算)

(2)机械费：450×5＝2 250(元)(注：机械窝工，其费用应按租赁费计算)

(3)管理费：345×30％＝103.5(元)(注：管理费为增加人工费的 30％，与机械费等无关)

事件三：可直接按土方开挖单价计算：900×4.2×(1＋20％)＝4 536(元)

事件四：费用索赔不成立。(注：因自然灾害造成的承包商窝工损失由承包商自行承担)

事件五：

(1)人工费：30×23＝690(元)

(2)机械费：450×1＝450(元)(注：不要忘记此时机械窝工 1 天)

(3)管理费：690×30％＝207(元)

合计可索赔费用为 354＋2 250＋103.5＋4 536＋690＋450＋207＝8 581.5(元)。

三、案例三

【背景资料】

福建省某沿海城市某群体住宅工程，包含整体地下室，8 栋住宅楼，1 栋物业配套楼以及小区公共区域园林绿化等，业态丰富，体量较大，工期暂定 3.5 年。

建设单位确定施工单位 A 中标，并参照《示范文本》与 A 单位签订施工承包合同。在 8 月份施工过程中，当地遭遇罕见强台风，导致项目发生如下情况：

事件一：整体中断施工 24 天；

事件二：施工大量窝工，发生窝工费用 88.4 万元；

事件三：工程清理及修复发生费用 30.7 万元；

事件四：为提高后续抗台风能力，部分设计进行变更，经估算涉及费用 22.5 万元。该变更不影响总工期。

A 单位针对上述事件均按合规程序向建设单位提出索赔。建设单位认为上述事项全部由罕见强台风导致，非建设单位过错，应属于同模式下施工单位应承担的风险，均不予同意。

【问题】

针对 A 单位提出的四项索赔，分别判断是否成立。

【案例解析】

事件一：24 天工期索赔成立。

理由：不可抗力造成的工期延误应该由建设单位承担。

事件二：窝工费用索赔不成立。

理由：不可抗力造成的人员窝工，各自承担。

事件三：费用索赔成立。

理由：不可抗力造成的工程损失及修复费用由建设单位承担。

事件四：费用索赔成立。

理由：设计变更造成的费用增加由建设单位承担。

复习思考题

一、选择题

1.【单选题】承包人在索赔事件发生后的（　　　）天以内，应向工程师正式提出索赔意向通知。

A. 7　　　　　　　　B. 14　　　　　　　　C. 21　　　　　　　　D. 28

2.【单选题】索赔是指在合同的实施过程中，（　　　）因对方不履行或未能正确履行合同所规定的义务或未能保证承诺的合同条件实现而遭受损失后，向对方提出补偿要求。

A. 业主方　　　　　　　　　　　　B. 第三方

C. 承包商　　　　　　　　　　　　D. 合同中的一方

3.【单选题】在施工过程中，由于发包人或工程师指令修改设计、修改实施计划、变更施工顺序，造成工期延长和费用损失，承包商可提出索赔。这种索赔属于（　　　）引起的索赔。

A. 地质条件的变化　B. 不可抗力　　　　C. 工程变更　　　　D. 业主风险

4.【单选题】处理索赔的最主要依据是(　　　)。

　　A. 合同文件　　　　B. 工程变更　　　　C. 结算资料　　　　D. 市场价格

5.【多选题】承包商向业主索赔成立的条件包括(　　　)。

　　A. 由于业主原因造成费用增加和工期损失

　　B. 由于工程师原因造成费用增加和工期损失

　　C. 由于分包商原因造成费用增加和工期损失

　　D. 按合同规定的程序提交了索赔意向

　　E. 提交了索赔报告

6.【多选题】下列事件中，承包商可以向业主提出索赔的有(　　　)。

　　A. 施工中遇到地下文物被迫停工

　　B. 施工机械大修，误工3天

　　C. 业主要求提前竣工，导致工程成本增加

　　D. 材料供应商延期交货

　　E. 设计图纸错误，造成返工

二、简答题

1. 简述索赔的成立应该同时具备的三个前提条件。

2. 简述工程索赔分类。

3. 简述不可抗力事件造成的损失承担原则。

4. 简述工程索赔的程序。

5. 如何预防工程索赔的发生。

6. 工程中可以索赔的费用有哪些？

7. 索赔的技巧有哪些？

三、案例分析题

【背景资料】

某新建工程，采用公开招标的方式，确定某施工单位中标。双方按《示范文本》签订了施工总承包合同。合同约定总造价为18 200万元，预付备料款3 600万元，每月底按月支付施工进度款。竣工结算时，结算价款按调值公式法进行调整。在招标和施工过程中，发生了如下事件：

事件一：基坑施工时正值雨季，导致停工6天，造成人员窝工损失2.2万元。

事件二：一周后出现了罕见特大暴雨，造成停工2天，机械修复损失1.4万元。

针对上述情况，承包人分别向监理单位提了工期索赔、费用索赔共四项索赔申请。

【问题】

请分别判断四项索赔是否成立？并写出相应的理由。

附　录

附录一　中华人民共和国招标投标法

(1999 年 8 月 30 日第九届全国人民代表大会常务委员会第十一次会议通过　根据 2017 年 12 月 27 日第十二届全国人民代表大会常务委员会第三十一次会议《关于修改〈中华人民共和国招标投标法〉、〈中华人民共和国计量法〉的决定》修正)

目　录

第一章　总　　则

第一条　为了规范招标投标活动，保护国家利益、社会公共利益和招标投标活动当事人的合法权益，提高经济效益，保证项目质量，制定本法。

第二条　在中华人民共和国境内进行招标投标活动，适用本法。

第三条　在中华人民共和国境内进行下列工程建设项目包括项目的勘察、设计、施工、监理以及与工程建设有关的重要设备、材料等的采购，必须进行招标：

(一)大型基础设施、公用事业等关系社会公共利益、公众安全的项目；

(二)全部或者部分使用国有资金投资或者国家融资的项目；

(三)使用国际组织或者外国政府贷款、援助资金的项目。

前款所列项目的具体范围和规模标准，由国务院发展计划部门会同国务院有关部门制订，报国务院批准。

法律或者国务院对必须进行招标的其他项目的范围有规定的，依照其规定。

第四条　任何单位和个人不得将依法必须进行招标的项目化整为零或者以其他任何方式规避招标。

第五条　招标投标活动应当遵循公开、公平、公正和诚实信用的原则。

第六条　依法必须进行招标的项目，其招标投标活动不受地区或者部门的限制。任何单位和个人不得违法限制或者排斥本地区、本系统以外的法人或者其他组织参加投标，不得以任何方式非法干涉招标投标活动。

第七条 招标投标活动及其当事人应当接受依法实施的监督。

有关行政监督部门依法对招标投标活动实施监督，依法查处招标投标活动中的违法行为。

对招标投标活动的行政监督及有关部门的具体职权划分，由国务院规定。

第二章 招　标

第八条 招标人是依照本法规定提出招标项目、进行招标的法人或者其他组织。

第九条 招标项目按照国家有关规定需要履行项目审批手续的，应当先履行审批手续，取得批准。

招标人应当有进行招标项目的相应资金或者资金来源已经落实，并应当在招标文件中如实载明。

第十条 招标分为公开招标和邀请招标。

公开招标，是指招标人以招标公告的方式邀请不特定的法人或者其他组织投标。

邀请招标，是指招标人以投标邀请书的方式邀请特定的法人或者其他组织投标。

第十一条 国务院发展计划部门确定的国家重点项目和省、自治区、直辖市人民政府确定的地方重点项目不适宜公开招标的，经国务院发展计划部门或者省、自治区、直辖市人民政府批准，可以进行邀请招标。

第十二条 招标人有权自行选择招标代理机构，委托其办理招标事宜。任何单位和个人不得以任何方式为招标人指定招标代理机构。

招标人具有编制招标文件和组织评标能力的，可以自行办理招标事宜。任何单位和个人不得强制其委托招标代理机构办理招标事宜。

依法必须进行招标的项目，招标人自行办理招标事宜的，应当向有关行政监督部门备案。

第十三条 招标代理机构是依法设立、从事招标代理业务并提供相关服务的社会中介组织。

招标代理机构应当具备下列条件：

(一)有从事招标代理业务的营业场所和相应资金；

(二)有能够编制招标文件和组织评标的相应专业力量。

第十四条 招标代理机构与行政机关和其他国家机关不得存在隶属关系或者其他利益关系。

第十五条 招标代理机构应当在招标人委托的范围内办理招标事宜，并遵守本法关于招标人的规定。

第十六条 招标人采用公开招标方式的，应当发布招标公告。依法必须进行招标的项目的招标公告，应当通过国家指定的报刊、信息网络或者其他媒介发布。

招标公告应当载明招标人的名称和地址、招标项目的性质、数量、实施地点和时间以及获取招标文件的办法等事项。

第十七条　招标人采用邀请招标方式的，应当向三个以上具备承担招标项目的能力、资信良好的特定的法人或者其他组织发出投标邀请书。

投标邀请书应当载明本法第十六条第二款规定的事项。

第十八条　招标人可以根据招标项目本身的要求，在招标公告或者投标邀请书中，要求潜在投标人提供有关资质证明文件和业绩情况，并对潜在投标人进行资格审查；国家对投标人的资格条件有规定的，依照其规定。

招标人不得以不合理的条件限制或者排斥潜在投标人，不得对潜在投标人实行歧视待遇。

第十九条　招标人应当根据招标项目的特点和需要编制招标文件。招标文件应当包括招标项目的技术要求、对投标人资格审查的标准、投标报价要求和评标标准等所有实质性要求和条件以及拟签订合同的主要条款。

国家对招标项目的技术、标准有规定的，招标人应当按照其规定在招标文件中提出相应要求。

招标项目需要划分标段、确定工期的，招标人应当合理划分标段、确定工期，并在招标文件中载明。

第二十条　招标文件不得要求或者标明特定的生产供应者以及含有倾向或者排斥潜在投标人的其他内容。

第二十一条　招标人根据招标项目的具体情况，可以组织潜在投标人踏勘项目现场。

第二十二条　招标人不得向他人透露已获取招标文件的潜在投标人的名称、数量以及可能影响公平竞争的有关招标投标的其他情况。

招标人设有标底的，标底必须保密。

第二十三条　招标人对已发出的招标文件进行必要的澄清或者修改的，应当在招标文件要求提交投标文件截止时间至少十五日前，以书面形式通知所有招标文件收受人。该澄清或者修改的内容为招标文件的组成部分。

第二十四条　招标人应当确定投标人编制投标文件所需要的合理时间；但是，依法必须进行招标的项目，自招标文件开始发出之日起至投标人提交投标文件截止之日止，最短不得少于二十日。

第三章　投　　标

第二十五条　投标人是响应招标、参加投标竞争的法人或者其他组织。

依法招标的科研项目允许个人参加投标的，投标的个人适用本法有关投标人的规定。

第二十六条　投标人应当具备承担招标项目的能力；国家有关规定对投标人资格条件或者招标文件对投标人资格条件有规定的，投标人应当具备规定的资格条件。

第二十七条　投标人应当按照招标文件的要求编制投标文件。投标文件应当对招标文件提出的实质性要求和条件作出响应。

招标项目属于建设施工的，投标文件的内容应当包括拟派出的项目负责人与主要技术人员的简历、业绩和拟用于完成招标项目的机械设备等。

第二十八条　投标人应当在招标文件要求提交投标文件的截止时间前，将投标文件送达投标地点。招标人收到投标文件后，应当签收保存，不得开启。投标人少于三个的，招标人应当依照本法重新招标。

在招标文件要求提交投标文件的截止时间后送达的投标文件，招标人应当拒收。

第二十九条　投标人在招标文件要求提交投标文件的截止时间前，可以补充、修改或者撤回已提交的投标文件，并书面通知招标人。补充、修改的内容为投标文件的组成部分。

第三十条　投标人根据招标文件载明的项目实际情况，拟在中标后将中标项目的部分非主体、非关键性工作进行分包的，应当在投标文件中载明。

第三十一条　两个以上法人或者其他组织可以组成一个联合体，以一个投标人的身份共同投标。

联合体各方均应当具备承担招标项目的相应能力；国家有关规定或者招标文件对投标人资格条件有规定的，联合体各方均应当具备规定的相应资格条件。由同一专业的单位组成的联合体，按照资质等级较低的单位确定资质等级。

联合体各方应当签订共同投标协议，明确约定各方拟承担的工作和责任，并将共同投标协议连同投标文件一并提交招标人。联合体中标的，联合体各方应当共同与招标人签订合同，就中标项目向招标人承担连带责任。

招标人不得强制投标人组成联合体共同投标，不得限制投标人之间的竞争。

第三十二条　投标人不得相互串通投标报价，不得排挤其他投标人的公平竞争，损害招标人或者其他投标人的合法权益。

投标人不得与招标人串通投标，损害国家利益、社会公共利益或者他人的合法权益。

禁止投标人以向招标人或者评标委员会成员行贿的手段谋取中标。

第三十三条　投标人不得以低于成本的报价竞标，也不得以他人名义投标或者以其他方式弄虚作假，骗取中标。

第四章　开标、评标和中标

第三十四条　开标应当在招标文件确定的提交投标文件截止时间的同一时间公开进行；开标地点应当为招标文件中预先确定的地点。

第三十五条　开标由招标人主持，邀请所有投标人参加。

第三十六条　开标时，由投标人或者其推选的代表检查投标文件的密封情况，也可以由招标人委托的公证机构检查并公证；经确认无误后，由工作人员当众拆封，宣读投标人名称、投标价格和投标文件的其他主要内容。

招标人在招标文件要求提交投标文件的截止时间前收到的所有投标文件，开标时都应当当众予以拆封、宣读。

开标过程应当记录，并存档备查。

第三十七条　评标由招标人依法组建的评标委员会负责。

依法必须进行招标的项目，其评标委员会由招标人的代表和有关技术、经济等方面的专家组成，成员人数为五人以上单数，其中技术、经济等方面的专家不得少于成员总数的三分之二。

前款专家应当从事相关领域工作满八年并具有高级职称或者具有同等专业水平，由招标人从国务院有关部门或者省、自治区、直辖市人民政府有关部门提供的专家名册或者招标代理机构的专家库内的相关专业的专家名单中确定；一般招标项目可以采取随机抽取方式，特殊招标项目可以由招标人直接确定。

与投标人有利害关系的人不得进入相关项目的评标委员会；已经进入的应当更换。

评标委员会成员的名单在中标结果确定前应当保密。

第三十八条　招标人应当采取必要的措施，保证评标在严格保密的情况下进行。

任何单位和个人不得非法干预、影响评标的过程和结果。

第三十九条　评标委员会可以要求投标人对投标文件中含义不明确的内容作必要的澄清或者说明，但是澄清或者说明不得超出投标文件的范围或者改变投标文件的实质性内容。

第四十条　评标委员会应当按照招标文件确定的评标标准和方法，对投标文件进行评审和比较；设有标底的，应当参考标底。评标委员会完成评标后，应当向招标人提出书面评标报告，并推荐合格的中标候选人。

招标人根据评标委员会提出的书面评标报告和推荐的中标候选人确定中标人。招标人也可以授权评标委员会直接确定中标人。

国务院对特定招标项目的评标有特别规定的，从其规定。

第四十一条　中标人的投标应当符合下列条件之一：

（一）能够最大限度地满足招标文件中规定的各项综合评价标准；

（二）能够满足招标文件的实质性要求，并且经评审的投标价格最低；但是投标价格低于成本的除外。

第四十二条　评标委员会经评审，认为所有投标都不符合招标文件要求的，可以否决所有投标。

依法必须进行招标的项目的所有投标被否决的，招标人应当依照本法重新招标。

第四十三条　在确定中标人前，招标人不得与投标人就投标价格、投标方案等实质性内容进行谈判。

第四十四条　评标委员会成员应当客观、公正地履行职务，遵守职业道德，对所提出的评审意见承担个人责任。

评标委员会成员不得私下接触投标人，不得收受投标人的财物或者其他好处。

评标委员会成员和参与评标的有关工作人员不得透露对投标文件的评审和比较、中标候选人的推荐情况以及与评标有关的其他情况。

第四十五条　中标人确定后，招标人应当向中标人发出中标通知书，并同时将中标结果通知所有未中标的投标人。

中标通知书对招标人和中标人具有法律效力。中标通知书发出后，招标人改变中标结果的，或者中标人放弃中标项目的，应当依法承担法律责任。

第四十六条　招标人和中标人应当自中标通知书发出之日起三十日内，按照招标文件和中标人的投标文件订立书面合同。招标人和中标人不得再行订立背离合同实质性内容的其他协议。

招标文件要求中标人提交履约保证金的，中标人应当提交。

第四十七条　依法必须进行招标的项目，招标人应当自确定中标人之日起十五日内，向有关行政监督部门提交招标投标情况的书面报告。

第四十八条　中标人应当按照合同约定履行义务，完成中标项目。中标人不得向他人转让中标项目，也不得将中标项目肢解后分别向他人转让。

中标人按照合同约定或者经招标人同意，可以将中标项目的部分非主体、非关键性工作分包给他人完成。接受分包的人应当具备相应的资格条件，并不得再次分包。

中标人应当就分包项目向招标人负责，接受分包的人就分包项目承担连带责任。

第五章　法律责任

第四十九条　违反本法规定，必须进行招标的项目而不招标的，将必须进行招标的项目化整为零或者以其他任何方式规避招标的，责令限期改正，可以处项目合同金额千分之五以上千分之十以下的罚款；对全部或者部分使用国有资金的项目，可以暂停项目执行或者暂停资金拨付；对单位直接负责的主管人员和其他直接责任人员依法给予处分。

第五十条　招标代理机构违反本法规定，泄露应当保密的与招标投标活动有关的情况和资料的，或者与招标人、投标人串通损害国家利益、社会公共利益或者他人合法权益的，处五万元以上二十五万元以下的罚款；对单位直接负责的主管人员和其他直接责任人员处单位罚款数额百分之五以上百分之十以下的罚款；有违法所得的，并处没收违法所得；情节严重的，禁止其一年至二年内代理依法必须进行招标的项目并予以公告，直至由工商行政管理机关吊销营业执照；构成犯罪的，依法追究刑事责任。给他人造成损失的，依法承担赔偿责任。

前款所列行为影响中标结果的，中标无效。

第五十一条　招标人以不合理的条件限制或者排斥潜在投标人的，对潜在投标人实行歧视待遇的，强制要求投标人组成联合体共同投标的，或者限制投标人之间竞争的，责令改正，可以处一万元以上五万元以下的罚款。

第五十二条　依法必须进行招标的项目的招标人向他人透露已获取招标文件的潜在投标人的名称、数量或者可能影响公平竞争的有关招标投标的其他情况的，或者泄露标底的，给予警告，可以并处一万元以上十万元以下的罚款；对单位直接负责的主管人员和其他直接责任人员依法给予处分；构成犯罪的，依法追究刑事责任。

前款所列行为影响中标结果的，中标无效。

第五十三条　投标人相互串通投标或者与招标人串通投标的，投标人以向招标人或者评标委员会成员行贿的手段谋取中标的，中标无效，处中标项目金额千分之五以上千分之十以下的罚款，对单位直接负责的主管人员和其他直接责任人员处单位罚款数额百分之五以上百分之十以下的罚款；有违法所得的，并处没收违法所得；情节严重的，取消其一年至二年内参加依法必须进行招标的项目的投标资格并予以公告，直至由工商行政管理机关吊销营业执照；构成犯罪的，依法追究刑事责任。给他人造成损失的，依法承担赔偿责任。

第五十四条　投标人以他人名义投标或者以其他方式弄虚作假，骗取中标的，中标无效，给招标人造成损失的，依法承担赔偿责任；构成犯罪的，依法追究刑事责任。

依法必须进行招标的项目的投标人有前款所列行为尚未构成犯罪的，处中标项目金额千分之五以上千分之十以下的罚款，对单位直接负责的主管人员和其他直接责任人员处单位罚款数额百分之五以上百分之十以下的罚款；有违法所得的，并处没收违法所得；情节严重的，取消其一年至三年内参加依法必须进行招标的项目的投标资格并予以公告，直至由工商行政管理机关吊销营业执照。

第五十五条　依法必须进行招标的项目，招标人违反本法规定，与投标人就投标价格、投标方案等实质性内容进行谈判的，给予警告，对单位直接负责的主管人员和其他直接责任人员依法给予处分。

前款所列行为影响中标结果的，中标无效。

第五十六条　评标委员会成员收受投标人的财物或者其他好处的，评标委员会成员或者参加评标的有关工作人员向他人透露对投标文件的评审和比较、中标候选人的推荐以及与评标有关的其他情况的，给予警告，没收收受的财物，可以并处三千元以上五万元以下的罚款，对有所列违法行为的评标委员会成员取消担任评标委员会成员的资格，不得再参加任何依法必须进行招标的项目的评标；构成犯罪的，依法追究刑事责任。

第五十七条　招标人在评标委员会依法推荐的中标候选人以外确定中标人的，依法必须进行招标的项目在所有投标被评标委员会否决后自行确定中标人的，中标无效，责令改正，可以处中标项目金额千分之五以上千分之十以下的罚款；对单位直接负责的主管人员和其他直接责任人员依法给予处分。

第五十八条　中标人将中标项目转让给他人的，将中标项目肢解后分别转让给他人的，违反本法规定将中标项目的部分主体、关键性工作分包给他人的，或者分包人再次分包的，转让、分包无效，处转让、分包项目金额千分之五以上千分之十以下的罚款；有违法所得的，并处没收违法所得；可以责令停业整顿；情节严重的，由工商行政管理机关吊销营业执照。

第五十九条　招标人与中标人不按照招标文件和中标人的投标文件订立合同的，或者招标人、中标人订立背离合同实质性内容的协议的，责令改正；可以处中标项目金额千分之五以上千分之十以下的罚款。

第六十条　中标人不履行与招标人订立的合同的，履约保证金不予退还，给招标人造成的损失超过履约保证金数额的，还应当对超过部分予以赔偿；没有提交履约保证金的，应当对招标人的损失承担赔偿责任。

中标人不按照与招标人订立的合同履行义务，情节严重的，取消其二年至五年内参加依法必须进行招标的项目的投标资格并予以公告，直至由工商行政管理机关吊销营业执照。

因不可抗力不能履行合同的，不适用前两款规定。

第六十一条　本章规定的行政处罚，由国务院规定的有关行政监督部门决定。本法已对实施行政处罚的机关作出规定的除外。

第六十二条　任何单位违反本法规定，限制或者排斥本地区、本系统以外的法人或者其他组织参加投标的，为招标人指定招标代理机构的，强制招标人委托招标代理机构办理招标事宜的，或者以其他方式干涉招标投标活动的，责令改正；对单位直接负责的主管人员和其他直接责任人员依法给予警告、记过、记大过的处分，情节较重的，依法给予降级、撤职、开除的处分。

个人利用职权进行前款违法行为的，依照前款规定追究责任。

第六十三条 对招标投标活动依法负有行政监督职责的国家机关工作人员徇私舞弊、滥用职权或者玩忽职守，构成犯罪的，依法追究刑事责任；不构成犯罪的，依法给予行政处分。

第六十四条 依法必须进行招标的项目违反本法规定，中标无效的，应当依照本法规定的中标条件从其余投标人中重新确定中标人或者依照本法重新进行招标。

第六章 附 则

第六十五条 投标人和其他利害关系人认为招标投标活动不符合本法有关规定的，有权向招标人提出异议或者依法向有关行政监督部门投诉。

第六十六条 涉及国家安全、国家秘密、抢险救灾或者属于利用扶贫资金实行以工代赈、需要使用农民工等特殊情况，不适宜进行招标的项目，按照国家有关规定可以不进行招标。

第六十七条 使用国际组织或者外国政府贷款、援助资金的项目进行招标，贷款方、资金提供方对招标投标的具体条件和程序有不同规定的，可以适用其规定，但违背中华人民共和国的社会公共利益的除外。

第六十八条 本法自 2000 年 1 月 1 日起施行。

附录二　中华人民共和国招标投标法实施条例

（2011 年 12 月 20 日中华人民共和国国务院令第 613 号公布，根据 2017 年 3 月 1 日《国务院关于修改和废止部分行政法规的决定》第一次修订，根据 2018 年 3 月 19 日《国务院关于修改和废止部分行政法规的决定》第二次修订，根据 2019 年 3 月 2 日《国务院关于修改部分行政法规的决定》第三次修订）

第一章　总则

第一条　为了规范招标投标活动，根据《中华人民共和国招标投标法》（以下简称招标投标法），制定本条例。

第二条　招标投标法第三条所称工程建设项目，是指工程以及与工程建设有关的货物、服务。

前款所称工程，是指建设工程，包括建筑物和构筑物的新建、改建、扩建及其相关的装修、拆除、修缮等；所称与工程建设有关的货物，是指构成工程不可分割的组成部分，且为实现工程基本功能所必需的设备、材料等；所称与工程建设有关的服务，是指为完成工程所需的勘察、设计、监理等服务。

第三条　依法必须进行招标的工程建设项目的具体范围和规模标准，由国务院发展改革部门会同国务院有关部门制订，报国务院批准后公布施行。

第四条　国务院发展改革部门指导和协调全国招标投标工作，对国家重大建设项目的工程招标投标活动实施监督检查。国务院工业和信息化、住房城乡建设、交通运输、铁道、水利、商务等部门，按照规定的职责分工对有关招标投标活动实施监督。

县级以上地方人民政府发展改革部门指导和协调本行政区域的招标投标工作。县级以上地方人民政府有关部门按照规定的职责分工，对招标投标活动实施监督，依法查处招标投标活动中的违法行为。县级以上地方人民政府对其所属部门有关招标投标活动的监督职责分工另有规定的，从其规定。

财政部门依法对实行招标投标的政府采购工程建设项目的政府采购政策执行情况实施监督。

监察机关依法对与招标投标活动有关的监察对象实施监察。

第五条　设区的市级以上地方人民政府可以根据实际需要，建立统一规范的招标投标交易场所，为招标投标活动提供服务。招标投标交易场所不得与行政监督部门存在隶属关系，不得以营利为目的。

国家鼓励利用信息网络进行电子招标投标。

第六条　禁止国家工作人员以任何方式非法干涉招标投标活动。

第二章　招标

第七条　按照国家有关规定需要履行项目审批、核准手续的依法必须进行招标的项目，其招标范围、招标方式、招标组织形式应当报项目审批、核准部门审批、核准。项目审批、核准部门应当及时将审批、核准确定的招标范围、招标方式、招标组织形式通报有关行政监督部门。

第八条 国有资金占控股或者主导地位的依法必须进行招标的项目，应当公开招标；但有下列情形之一的，可以邀请招标：

（一）技术复杂、有特殊要求或者受自然环境限制，只有少量潜在投标人可供选择；

（二）采用公开招标方式的费用占项目合同金额的比例过大。

有前款第二项所列情形，属于本条例第七条规定的项目，由项目审批、核准部门在审批、核准项目时作出认定；其他项目由招标人申请有关行政监督部门作出认定。

第九条 除招标投标法第六十六条规定的可以不进行招标的特殊情况外，有下列情形之一的，可以不进行招标：

（一）需要采用不可替代的专利或者专有技术；

（二）采购人依法能够自行建设、生产或者提供；

（三）已通过招标方式选定的特许经营项目投资人依法能够自行建设、生产或者提供；

（四）需要向原中标人采购工程、货物或者服务，否则将影响施工或者功能配套要求；

（五）国家规定的其他特殊情形。

招标人为适用前款规定弄虚作假的，属于招标投标法第四条规定的规避招标。

第十条 招标投标法第十二条第二款规定的招标人具有编制招标文件和组织评标能力，是指招标人具有与招标项目规模和复杂程度相适应的技术、经济等方面的专业人员。

第十一条 国务院住房城乡建设、商务、发展改革、工业和信息化等部门，按照规定的职责分工对招标代理机构依法实施监督管理。

第十二条 招标代理机构应当拥有一定数量的具备编制招标文件、组织评标等相应能力的专业人员。

第十三条 招标代理机构在招标人委托的范围内开展招标代理业务，任何单位和个人不得非法干涉。

招标代理机构代理招标业务，应当遵守招标投标法和本条例关于招标人的规定。招标代理机构不得在所代理的招标项目中投标或者代理投标，也不得为所代理的招标项目的投标人提供咨询。

第十四条 招标人应当与被委托的招标代理机构签订书面委托合同，合同约定的收费标准应当符合国家有关规定。

第十五条 公开招标的项目，应当依照招标投标法和本条例的规定发布招标公告、编制招标文件。

招标人采用资格预审办法对潜在投标人进行资格审查的，应当发布资格预审公告、编制资格预审文件。

依法必须进行招标的项目的资格预审公告和招标公告，应当在国务院发展改革部门依法指定的媒介发布。在不同媒介发布的同一招标项目的资格预审公告或者招标公告的内容应当一致。指定媒介发布依法必须进行招标的项目的境内资格预审公告、招标公告，不得收取费用。

编制依法必须进行招标的项目的资格预审文件和招标文件，应当使用国务院发展改革部门会同有关行政监督部门制定的标准文本。

第十六条 招标人应当按照资格预审公告、招标公告或者投标邀请书规定的时间、地点发售资格预审文件或者招标文件。资格预审文件或者招标文件的发售期不得少于5日。

招标人发售资格预审文件、招标文件收取的费用应当限于补偿印刷、邮寄的成本支出，不得以营利为目的。

第十七条 招标人应当合理确定提交资格预审申请文件的时间。依法必须进行招标的项目提交资格预审申请文件的时间，自资格预审文件停止发售之日起不得少于5日。

第十八条 资格预审应当按照资格预审文件载明的标准和方法进行。

国有资金占控股或者主导地位的依法必须进行招标的项目，招标人应当组建资格审查委员会审查资格预审申请文件。资格审查委员会及其成员应当遵守招标投标法和本条例有关评标委员会及其成员的规定。

第十九条 资格预审结束后，招标人应当及时向资格预审申请人发出资格预审结果通知书。未通过资格预审的申请人不具有投标资格。

通过资格预审的申请人少于3个的，应当重新招标。

第二十条 招标人采用资格后审办法对投标人进行资格审查的，应当在开标后由评标委员会按照招标文件规定的标准和方法对投标人的资格进行审查。

第二十一条 招标人可以对已发出的资格预审文件或者招标文件进行必要的澄清或者修改。澄清或者修改的内容可能影响资格预审申请文件或者投标文件编制的，招标人应当在提交资格预审申请文件截止时间至少3日前，或者投标截止时间至少15日前，以书面形式通知所有获取资格预审文件或者招标文件的潜在投标人；不足3日或者15日的，招标人应当顺延提交资格预审申请文件或者投标文件的截止时间。

第二十二条 潜在投标人或者其他利害关系人对资格预审文件有异议的，应当在提交资格预审申请文件截止时间2日前提出；对招标文件有异议的，应当在投标截止时间10日前提出。招标人应当自收到异议之日起3日内作出答复；作出答复前，应当暂停招标投标活动。

第二十三条 招标人编制的资格预审文件、招标文件的内容违反法律、行政法规的强制性规定，违反公开、公平、公正和诚实信用原则，影响资格预审结果或者潜在投标人投标的，依法必须进行招标的项目的招标人应当在修改资格预审文件或者招标文件后重新招标。

第二十四条 招标人对招标项目划分标段的，应当遵守招标投标法的有关规定，不得利用划分标段限制或者排斥潜在投标人。依法必须进行招标的项目的招标人不得利用划分标段规避招标。

第二十五条 招标人应当在招标文件中载明投标有效期。投标有效期从提交投标文件的截止之日起算。

第二十六条 招标人在招标文件中要求投标人提交投标保证金的，投标保证金不得超过招标项目估算价的 2%。投标保证金有效期应当与投标有效期一致。

依法必须进行招标的项目的境内投标单位，以现金或者支票形式提交的投标保证金应当从其基本账户转出。

招标人不得挪用投标保证金。

第二十七条　招标人可以自行决定是否编制标底。一个招标项目只能有一个标底。标底必须保密。

接受委托编制标底的中介机构不得参加受托编制标底项目的投标，也不得为该项目的投标人编制投标文件或者提供咨询。

招标人设有最高投标限价的，应当在招标文件中明确最高投标限价或者最高投标限价的计算方法。招标人不得规定最低投标限价。

第二十八条　招标人不得组织单个或者部分潜在投标人踏勘项目现场。

第二十九条　招标人可以依法对工程以及与工程建设有关的货物、服务全部或者部分实行总承包招标。以暂估价形式包括在总承包范围内的工程、货物、服务属于依法必须进行招标的项目范围且达到国家规定规模标准的，应当依法进行招标。

前款所称暂估价，是指总承包招标时不能确定价格而由招标人在招标文件中暂时估定的工程、货物、服务的金额。

第三十条　对技术复杂或者无法精确拟定技术规格的项目，招标人可以分两阶段进行招标。

第一阶段，投标人按照招标公告或者投标邀请书的要求提交不带报价的技术建议，招标人根据投标人提交的技术建议确定技术标准和要求，编制招标文件。

第二阶段，招标人向在第一阶段提交技术建议的投标人提供招标文件，投标人按照招标文件的要求提交包括最终技术方案和投标报价的投标文件。

招标人要求投标人提交投标保证金的，应当在第二阶段提出。

第三十一条　招标人终止招标的，应当及时发布公告，或者以书面形式通知被邀请的或者已经获取资格预审文件、招标文件的潜在投标人。已经发售资格预审文件、招标文件或者已经收取投标保证金的，招标人应当及时退还所收取的资格预审文件、招标文件的费用，以及所收取的投标保证金及银行同期存款利息。

第三十二条　招标人不得以不合理的条件限制、排斥潜在投标人或者投标人。

招标人有下列行为之一的，属于以不合理条件限制、排斥潜在投标人或者投标人：

（一）就同一招标项目向潜在投标人或者投标人提供有差别的项目信息；

（二）设定的资格、技术、商务条件与招标项目的具体特点和实际需要不相适应或者与合同履行无关；

（三）依法必须进行招标的项目以特定行政区域或者特定行业的业绩、奖项作为加分条件或者中标条件；

（四）对潜在投标人或者投标人采取不同的资格审查或者评标标准；

（五）限定或者指定特定的专利、商标、品牌、原产地或者供应商；

（六）依法必须进行招标的项目非法限定潜在投标人或者投标人的所有制形式或者组织形式；

（七）以其他不合理条件限制、排斥潜在投标人或者投标人。

<h2 style="text-align:center">第三章　投标</h2>

第三十三条　投标人参加依法必须进行招标的项目的投标，不受地区或者部门的限制，任何单位和个人不得非法干涉。

第三十四条　与招标人存在利害关系可能影响招标公正性的法人、其他组织或者个人，不得参加投标。

单位负责人为同一人或者存在控股、管理关系的不同单位，不得参加同一标段投标或者未划分标段的同一招标项目投标。

违反前两款规定的，相关投标均无效。

第三十五条　投标人撤回已提交的投标文件，应当在投标截止时间前书面通知招标人。招标人已收取投标保证金的，应当自收到投标人书面撤回通知之日起 5 日内退还。

投标截止后投标人撤销投标文件的，招标人可以不退还投标保证金。

第三十六条　未通过资格预审的申请人提交的投标文件，以及逾期送达或者不按照招标文件要求密封的投标文件，招标人应当拒收。

招标人应当如实记载投标文件的送达时间和密封情况，并存档备查。

第三十七条　招标人应当在资格预审公告、招标公告或者投标邀请书中载明是否接受联合体投标。

招标人接受联合体投标并进行资格预审的，联合体应当在提交资格预审申请文件前组成。资格预审后联合体增减、更换成员的，其投标无效。

联合体各方在同一招标项目中以自己名义单独投标或者参加其他联合体投标的，相关投标均无效。

第三十八条　投标人发生合并、分立、破产等重大变化的，应当及时书面告知招标人。投标人不再具备资格预审文件、招标文件规定的资格条件或者其投标影响招标公正性的，其投标无效。

第三十九条　禁止投标人相互串通投标。

有下列情形之一的，属于投标人相互串通投标：

（一）投标人之间协商投标报价等投标文件的实质性内容；

（二）投标人之间约定中标人；

（三）投标人之间约定部分投标人放弃投标或者中标；

（四）属于同一集团、协会、商会等组织成员的投标人按照该组织要求协同投标；

（五）投标人之间为谋取中标或者排斥特定投标人而采取的其他联合行动。

第四十条　有下列情形之一的，视为投标人相互串通投标：

（一）不同投标人的投标文件由同一单位或者个人编制；

（二）不同投标人委托同一单位或者个人办理投标事宜；

（三）不同投标人的投标文件载明的项目管理成员为同一人；

（四）不同投标人的投标文件异常一致或者投标报价呈规律性差异；

（五）不同投标人的投标文件相互混装；

（六）不同投标人的投标保证金从同一单位或者个人的账户转出。

第四十一条 禁止招标人与投标人串通投标。

有下列情形之一的，属于招标人与投标人串通投标：

（一）招标人在开标前开启投标文件并将有关信息泄露给其他投标人；

（二）招标人直接或者间接向投标人泄露标底、评标委员会成员等信息；

（三）招标人明示或者暗示投标人压低或者抬高投标报价；

（四）招标人授意投标人撤换、修改投标文件；

（五）招标人明示或者暗示投标人为特定投标人中标提供方便；

（六）招标人与投标人为谋求特定投标人中标而采取的其他串通行为。

第四十二条 使用通过受让或者租借等方式获取的资格、资质证书投标的，属于招标投标法第三十三条规定的以他人名义投标。

投标人有下列情形之一的，属于招标投标法第三十三条规定的以其他方式弄虚作假的行为：

（一）使用伪造、变造的许可证件；

（二）提供虚假的财务状况或者业绩；

（三）提供虚假的项目负责人或者主要技术人员简历、劳动关系证明；

（四）提供虚假的信用状况；

（五）其他弄虚作假的行为。

第四十三条 提交资格预审申请文件的申请人应当遵守招标投标法和本条例有关投标人的规定。

第四章　开标、评标和中标

第四十四条 招标人应当按照招标文件规定的时间、地点开标。

投标人少于3个的，不得开标；招标人应当重新招标。

投标人对开标有异议的，应当在开标现场提出，招标人应当当场作出答复，并制作记录。

第四十五条 国家实行统一的评标专家专业分类标准和管理办法。具体标准和办法由国务院发展改革部门会同国务院有关部门制定。

省级人民政府和国务院有关部门应当组建综合评标专家库。

第四十六条 除招标投标法第三十七条第三款规定的特殊招标项目外，依法必须进行招标的项目，其评标委员会的专家成员应当从评标专家库内相关专业的专家名单中以随机抽取方式确定。任何单位和个人不得以明示、暗示等任何方式指定或者变相指定参加评标委员会的专家成员。

依法必须进行招标的项目的招标人非因招标投标法和本条例规定的事由，不得更换依法确定的评标委员会成员。更换评标委员会的专家成员应当依照前款规定进行。

评标委员会成员与投标人有利害关系的，应当主动回避。

有关行政监督部门应当按照规定的职责分工，对评标委员会成员的确定方式、评标专家的抽取和评标活动进行监督。行政监督部门的工作人员不得担任本部门负责监督项目的评标委员会成员。

第四十七条　招标投标法第三十七条第三款所称特殊招标项目，是指技术复杂、专业性强或者国家有特殊要求，采取随机抽取方式确定的专家难以保证胜任评标工作的项目。

第四十八条　招标人应当向评标委员会提供评标所必需的信息，但不得明示或者暗示其倾向或者排斥特定投标人。

招标人应当根据项目规模和技术复杂程度等因素合理确定评标时间。超过三分之一的评标委员会成员认为评标时间不够的，招标人应当适当延长。

评标过程中，评标委员会成员有回避事由、擅离职守或者因健康等原因不能继续评标的，应当及时更换。被更换的评标委员会成员作出的评审结论无效，由更换后的评标委员会成员重新进行评审。

第四十九条　评标委员会成员应当依照招标投标法和本条例的规定，按照招标文件规定的评标标准和方法，客观、公正地对投标文件提出评审意见。招标文件没有规定的评标标准和方法不得作为评标的依据。

评标委员会成员不得私下接触投标人，不得收受投标人给予的财物或者其他好处，不得向招标人征询确定中标人的意向，不得接受任何单位或者个人明示或者暗示提出的倾向或者排斥特定投标人的要求，不得有其他不客观、不公正履行职务的行为。

第五十条　招标项目设有标底的，招标人应当在开标时公布。标底只能作为评标的参考，不得以投标报价是否接近标底作为中标条件，也不得以投标报价超过标底上下浮动范围作为否决投标的条件。

第五十一条　有下列情形之一的，评标委员会应当否决其投标：

（一）投标文件未经投标单位盖章和单位负责人签字；

（二）投标联合体没有提交共同投标协议；

（三）投标人不符合国家或者招标文件规定的资格条件；

（四）同一投标人提交两个以上不同的投标文件或者投标报价，但招标文件要求提交备选投标的除外；

（五）投标报价低于成本或者高于招标文件设定的最高投标限价；

（六）投标文件没有对招标文件的实质性要求和条件作出响应；

（七）投标人有串通投标、弄虚作假、行贿等违法行为。

第五十二条　投标文件中有含义不明确的内容、明显文字或者计算错误，评标委员会认为需要投标人作出必要澄清、说明的，应当书面通知该投标人。投标人的澄清、说明应当采用书面形式，并不得超出投标文件的范围或者改变投标文件的实质性内容。

评标委员会不得暗示或者诱导投标人作出澄清、说明，不得接受投标人主动提出的澄清、说明。

第五十三条　评标完成后，评标委员会应当向招标人提交书面评标报告和中标候选人名单。中标候选人应当不超过 3 个，并标明排序。

评标报告应当由评标委员会全体成员签字。对评标结果有不同意见的评标委员会成员应当以书面形式说明其不同意见和理由，评标报告应当注明该不同意见。评标委员会成员拒绝在评标报告上签字又不书面说明其不同意见和理由的，视为同意评标结果。

第五十四条　依法必须进行招标的项目，招标人应当自收到评标报告之日起 3 日内公示中标候选人，公示期不得少于 3 日。

投标人或者其他利害关系人对依法必须进行招标的项目的评标结果有异议的，应当在中标候选人公示期间提出。招标人应当自收到异议之日起 3 日内作出答复；作出答复前，应当暂停招标投标活动。

第五十五条　国有资金占控股或者主导地位的依法必须进行招标的项目，招标人应当确定排名第一的中标候选人为中标人。排名第一的中标候选人放弃中标、因不可抗力不能履行合同、不按照招标文件要求提交履约保证金，或者被查实存在影响中标结果的违法行为等情形，不符合中标条件的，招标人可以按照评标委员会提出的中标候选人名单排序依次确定其他中标候选人为中标人，也可以重新招标。

第五十六条　中标候选人的经营、财务状况发生较大变化或者存在违法行为，招标人认为可能影响其履约能力的，应当在发出中标通知书前由原评标委员会按照招标文件规定的标准和方法审查确认。

第五十七条　招标人和中标人应当依照招标投标法和本条例的规定签订书面合同，合同的标的、价款、质量、履行期限等主要条款应当与招标文件和中标人的投标文件的内容一致。招标人和中标人不得再行订立背离合同实质性内容的其他协议。

招标人最迟应当在书面合同签订后 5 日内向中标人和未中标的投标人退还投标保证金及银行同期存款利息。

第五十八条　招标文件要求中标人提交履约保证金的，中标人应当按照招标文件的要求提交。履约保证金不得超过中标合同金额的 10%。

第五十九条　中标人应当按照合同约定履行义务，完成中标项目。中标人不得向他人转让中标项目，也不得将中标项目肢解后分别向他人转让。

中标人按照合同约定或者经招标人同意，可以将中标项目的部分非主体、非关键性工作分包给他人完成。接受分包的人应当具备相应的资格条件，并不得再次分包。

中标人应当就分包项目向招标人负责，接受分包的人就分包项目承担连带责任。

第五章　投诉与处理

第六十条　投标人或者其他利害关系人认为招标投标活动不符合法律、行政法规规定的，可以自知道或者应当知道之日起 10 日内向有关行政监督部门投诉。投诉应当有明确的请求和必要的证明材料。

就本条例第二十二条、第四十四条、第五十四条规定事项投诉的，应当先向招标人提出异议，异议答复期间不计算在前款规定的期限内。

第六十一条　投诉人就同一事项向两个以上有权受理的行政监督部门投诉的，由最先收到投诉的行政监督部门负责处理。

行政监督部门应当自收到投诉之日起 3 个工作日内决定是否受理投诉，并自受理投诉之日起 30 个工作日内作出书面处理决定；需要检验、检测、鉴定、专家评审的，所需时间不计算在内。

投诉人捏造事实、伪造材料或者以非法手段取得证明材料进行投诉的，行政监督部门应当予以驳回。

第六十二条 行政监督部门处理投诉，有权查阅、复制有关文件、资料，调查有关情况，相关单位和人员应当予以配合。必要时，行政监督部门可以责令暂停招标投标活动。

行政监督部门的工作人员对监督检查过程中知悉的国家秘密、商业秘密，应当依法予以保密。

第六章 法律责任

第六十三条 招标人有下列限制或者排斥潜在投标人行为之一的，由有关行政监督部门依照招标投标法第五十一条的规定处罚：

（一）依法应当公开招标的项目不按照规定在指定媒介发布资格预审公告或者招标公告；

（二）在不同媒介发布的同一招标项目的资格预审公告或者招标公告的内容不一致，影响潜在投标人申请资格预审或者投标。

依法必须进行招标的项目的招标人不按照规定发布资格预审公告或者招标公告，构成规避招标的，依照招标投标法第四十九条的规定处罚。

第六十四条 招标人有下列情形之一的，由有关行政监督部门责令改正，可以处 10 万元以下的罚款：

（一）依法应当公开招标而采用邀请招标；

（二）招标文件、资格预审文件的发售、澄清、修改的时限，或者确定的提交资格预审申请文件、投标文件的时限不符合招标投标法和本条例规定；

（三）接受未通过资格预审的单位或者个人参加投标；

（四）接受应当拒收的投标文件。

招标人有前款第一项、第三项、第四项所列行为之一的，对单位直接负责的主管人员和其他直接责任人员依法给予处分。

第六十五条 招标代理机构在所代理的招标项目中投标、代理投标或者向该项目投标人提供咨询的，接受委托编制标底的中介机构参加受托编制标底项目的投标或者为该项目的投标人编制投标文件、提供咨询的，依照招标投标法第五十条的规定追究法律责任。

第六十六条 招标人超过本条例规定的比例收取投标保证金、履约保证金或者不按照规定退还投标保证金及银行同期存款利息的，由有关行政监督部门责令改正，可以处 5 万元以下的罚款；给他人造成损失的，依法承担赔偿责任。

第六十七条 投标人相互串通投标或者与招标人串通投标的，投标人向招标人或者评标委员会成员行贿谋取中标的，中标无效；构成犯罪的，依法追究刑事责任；尚不构成犯罪的，依照招标投标法第五十三条的规定处罚。投标人未中标的，对单位的罚款金额按照招标项目合同金额依照招标投标法规定的比例计算。

投标人有下列行为之一的，属于招标投标法第五十三条规定的情节严重行为，由有关行政监督部门取消其 1 年至 2 年内参加依法必须进行招标的项目的投标资格：

（一）以行贿谋取中标；

（二）3 年内 2 次以上串通投标；

（三）串通投标行为损害招标人、其他投标人或者国家、集体、公民的合法利益，造成直接经济损失 30 万元以上；

（四）其他串通投标情节严重的行为。

投标人自本条第二款规定的处罚执行期限届满之日起 3 年内又有该款所列违法行为之一的，或者串通投标、以行贿谋取中标情节特别严重的，由工商行政管理机关吊销营业执照。

法律、行政法规对串通投标报价行为的处罚另有规定的，从其规定。

第六十八条 投标人以他人名义投标或者以其他方式弄虚作假骗取中标的，中标无效；构成犯罪的，依法追究刑事责任；尚不构成犯罪的，依照招标投标法第五十四条的规定处罚。依法必须进行招标的项目的投标人未中标的，对单位的罚款金额按照招标项目合同金额依照招标投标法规定的比例计算。

投标人有下列行为之一的，属于招标投标法第五十四条规定的情节严重行为，由有关行政监督部门取消其 1 年至 3 年内参加依法必须进行招标的项目的投标资格：

（一）伪造、变造资格、资质证书或者其他许可证件骗取中标；

（二）3 年内 2 次以上使用他人名义投标；

（三）弄虚作假骗取中标给招标人造成直接经济损失 30 万元以上；

（四）其他弄虚作假骗取中标情节严重的行为。

投标人自本条第二款规定的处罚执行期限届满之日起 3 年内又有该款所列违法行为之一的，或者弄虚作假骗取中标情节特别严重的，由工商行政管理机关吊销营业执照。

第六十九条 出让或者出租资格、资质证书供他人投标的，依照法律、行政法规的规定给予行政处罚；构成犯罪的，依法追究刑事责任。

第七十条 依法必须进行招标的项目的招标人不按照规定组建评标委员会，或者确定、更换评标委员会成员违反招标投标法和本条例规定的，由有关行政监督部门责令改正，可以处 10 万元以下的罚款，对单位直接负责的主管人员和其他直接责任人员依法给予处分；违法确定或者更换的评标委员会成员作出的评审结论无效，依法重新进行评审。

国家工作人员以任何方式非法干涉选取评标委员会成员的，依照本条例第八十条的规定追究法律责任。

第七十一条 评标委员会成员有下列行为之一的，由有关行政监督部门责令改正；情节严重的，禁止其在一定期限内参加依法必须进行招标的项目的评标；情节特别严重的，取消其担任评标委员会成员的资格：

（一）应当回避而不回避；

（二）擅离职守；

（三）不按照招标文件规定的评标标准和方法评标；

（四）私下接触投标人；

（五）向招标人征询确定中标人的意向或者接受任何单位或者个人明示或者暗示提出的倾向或者排斥特定投标人的要求；

（六）对依法应当否决的投标不提出否决意见；

（七）暗示或者诱导投标人作出澄清、说明或者接受投标人主动提出的澄清、说明；

（八）其他不客观、不公正履行职务的行为。

第七十二条　评标委员会成员收受投标人的财物或者其他好处的，没收收受的财物，处3 000元以上5万元以下的罚款，取消担任评标委员会成员的资格，不得再参加依法必须进行招标的项目的评标；构成犯罪的，依法追究刑事责任。

第七十三条　依法必须进行招标的项目的招标人有下列情形之一的，由有关行政监督部门责令改正，可以处中标项目金额10‰以下的罚款；给他人造成损失的，依法承担赔偿责任；对单位直接负责的主管人员和其他直接责任人员依法给予处分：

（一）无正当理由不发出中标通知书；

（二）不按照规定确定中标人；

（三）中标通知书发出后无正当理由改变中标结果；

（四）无正当理由不与中标人订立合同；

（五）在订立合同时向中标人提出附加条件。

第七十四条　中标人无正当理由不与招标人订立合同，在签订合同时向招标人提出附加条件，或者不按照招标文件要求提交履约保证金的，取消其中标资格，投标保证金不予退还。对依法必须进行招标的项目的中标人，由有关行政监督部门责令改正，可以处中标项目金额10‰以下的罚款。

第七十五条　招标人和中标人不按照招标文件和中标人的投标文件订立合同，合同的主要条款与招标文件、中标人的投标文件的内容不一致，或者招标人、中标人订立背离合同实质性内容的协议的，由有关行政监督部门责令改正，可以处中标项目金额5‰以上10‰以下的罚款。

第七十六条　中标人将中标项目转让给他人的，将中标项目肢解后分别转让给他人的，违反招标投标法和本条例规定将中标项目的部分主体、关键性工作分包给他人的，或者分包人再次分包的，转让、分包无效，处转让、分包项目金额5‰以上10‰以下的罚款；有违法所得的，并处没收违法所得；可以责令停业整顿；情节严重的，由工商行政管理机关吊销营业执照。

第七十七条　投标人或者其他利害关系人捏造事实、伪造材料或者以非法手段取得证明材料进行投诉，给他人造成损失的，依法承担赔偿责任。

招标人不按照规定对异议作出答复，继续进行招标投标活动的，由有关行政监督部门责令改正，拒不改正或者不能改正并影响中标结果的，依照本条例第八十一条的规定处理。

第七十八条　国家建立招标投标信用制度。有关行政监督部门应当依法公告对招标人、招标代理机构、投标人、评标委员会成员等当事人违法行为的行政处理决定。

第七十九条　项目审批、核准部门不依法审批、核准项目招标范围、招标方式、招标组织形式的，对单位直接负责的主管人员和其他直接责任人员依法给予处分。

有关行政监督部门不依法履行职责，对违反招标投标法和本条例规定的行为不依法查处，或者不按照规定处理投诉、不依法公告对招标投标当事人违法行为的行政处理决定的，对直接负责的主管人员和其他直接责任人员依法给予处分。

项目审批、核准部门和有关行政监督部门的工作人员徇私舞弊、滥用职权、玩忽职守，构成犯罪的，依法追究刑事责任。

第八十条 国家工作人员利用职务便利，以直接或者间接、明示或者暗示等任何方式非法干涉招标投标活动，有下列情形之一的，依法给予记过或者记大过处分；情节严重的，依法给予降级或者撤职处分；情节特别严重的，依法给予开除处分；构成犯罪的，依法追究刑事责任：

（一）要求对依法必须进行招标的项目不招标，或者要求对依法应当公开招标的项目不公开招标；

（二）要求评标委员会成员或者招标人以其指定的投标人作为中标候选人或者中标人，或者以其他方式非法干涉评标活动，影响中标结果；

（三）以其他方式非法干涉招标投标活动。

第八十一条 依法必须进行招标的项目的招标投标活动违反招标投标法和本条例的规定，对中标结果造成实质性影响，且不能采取补救措施予以纠正的，招标、投标、中标无效，应当依法重新招标或者评标。

第七章　附则

第八十二条 招标投标协会按照依法制定的章程开展活动，加强行业自律和服务。

第八十三条 政府采购的法律、行政法规对政府采购货物、服务的招标投标另有规定的，从其规定。

第八十四条 本条例自 2012 年 2 月 1 日起施行。

附录三 电子招标投标办法

第一章 总 则

第一条 为了规范电子招标投标活动，促进电子招标投标健康发展，根据《中华人民共和国招标投标法》、《中华人民共和国招标投标法实施条例》（以下分别简称招标投标法、招标投标法实施条例），制定本办法。

第二条 在中华人民共和国境内进行电子招标投标活动，适用本办法。

本办法所称电子招标投标活动是指以数据电文形式，依托电子招标投标系统完成的全部或者部分招标投标交易、公共服务和行政监督活动。

数据电文形式与纸质形式的招标投标活动具有同等法律效力。

第三条 电子招标投标系统根据功能的不同，分为交易平台、公共服务平台和行政监督平台。

交易平台是以数据电文形式完成招标投标交易活动的信息平台。公共服务平台是满足交易平台之间信息交换、资源共享需要，并为市场主体、行政监督部门和社会公众提供信息服务的信息平台。行政监督平台是行政监督部门和监察机关在线监督电子招标投标活动的信息平台。

电子招标投标系统的开发、检测、认证、运营应当遵守本办法及所附《电子招标投标系统技术规范》（以下简称技术规范）。

第四条 国务院发展改革部门负责指导协调全国电子招标投标活动，各级地方人民政府发展改革部门负责指导协调本行政区域内电子招标投标活动。各级人民政府发展改革、工业和信息化、住房城乡建设、交通运输、铁道、水利、商务等部门，按照规定的职责分工，对电子招标投标活动实施监督，依法查处电子招标投标活动中的违法行为。

依法设立的招标投标交易场所的监管机构负责督促、指导招标投标交易场所推进电子招标投标工作，配合有关部门对电子招标投标活动实施监督。

省级以上人民政府有关部门对本行政区域内电子招标投标系统的建设、运营，以及相关检测、认证活动实施监督。

监察机关依法对与电子招标投标活动有关的监察对象实施监察。

第二章 电子招标投标交易平台

第五条 电子招标投标交易平台按照标准统一、互联互通、公开透明、安全高效的原则以及市场化、专业化、集约化方向建设和运营。

第六条 依法设立的招标投标交易场所、招标人、招标代理机构以及其他依法设立的法人组织可以按行业、专业类别，建设和运营电子招标投标交易平台。国家鼓励电子招标投标交易平台平等竞争。

第七条 电子招标投标交易平台应当按照本办法和技术规范规定，具备下列主要功能：

（一）在线完成招标投标全部交易过程；

（二）编辑、生成、对接、交换和发布有关招标投标数据信息；

（三）提供行政监督部门和监察机关依法实施监督和受理投诉所需的监督通道；

（四）本办法和技术规范规定的其他功能。

第八条　电子招标投标交易平台应当按照技术规范规定，执行统一的信息分类和编码标准，为各类电子招标投标信息的互联互通和交换共享开放数据接口、公布接口要求。

电子招标投标交易平台接口应当保持技术中立，与各类需要分离开发的工具软件相兼容对接，不得限制或者排斥符合技术规范规定的工具软件与其对接。

第九条　电子招标投标交易平台应当允许社会公众、市场主体免费注册登录和获取依法公开的招标投标信息，为招标投标活动当事人、行政监督部门和监察机关按各自职责和注册权限登录使用交易平台提供必要条件。

第十条　电子招标投标交易平台应当依照《中华人民共和国认证认可条例》等有关规定进行检测、认证，通过检测、认证的电子招标投标交易平台应当在省级以上电子招标投标公共服务平台上公布。

电子招标投标交易平台服务器应当设在中华人民共和国境内。

第十一条　电子招标投标交易平台运营机构应当是依法成立的法人，拥有一定数量的专职信息技术、招标专业人员。

第十二条　电子招标投标交易平台运营机构应当根据国家有关法律法规及技术规范，建立健全电子招标投标交易平台规范运行和安全管理制度，加强监控、检测，及时发现和排除隐患。

第十三条　电子招标投标交易平台运营机构应当采用可靠的身份识别、权限控制、加密、病毒防范等技术，防范非授权操作，保证交易平台的安全、稳定、可靠。

第十四条　电子招标投标交易平台运营机构应当采取有效措施，验证初始录入信息的真实性，并确保数据电文不被篡改、不遗漏和可追溯。

第十五条　电子招标投标交易平台运营机构不得以任何手段限制或者排斥潜在投标人，不得泄露依法应当保密的信息，不得弄虚作假、串通投标或者为弄虚作假、串通投标提供便利。

第三章　电子招标

第十六条　招标人或者其委托的招标代理机构应当在其使用的电子招标投标交易平台注册登记，选择使用除招标人或招标代理机构之外第三方运营的电子招标投标交易平台的，还应当与电子招标投标交易平台运营机构签订使用合同，明确服务内容、服务质量、服务费用等权利和义务，并对服务过程中相关信息的产权归属、保密责任、存档等依法作出约定。

电子招标投标交易平台运营机构不得以技术和数据接口配套为由，要求潜在投标人购买指定的工具软件。

第十七条　招标人或者其委托的招标代理机构应当在资格预审公告、招标公告或者投标邀请书中载明潜在投标人访问电子招标投标交易平台的网络地址和方法。依法必须进行公开招标项目的上述相关公告应当在电子招标投标交易平台和国家指定的招标公告媒介同步发布。

第十八条　招标人或者其委托的招标代理机构应当及时将数据电文形式的资格预审文件、招标文件加载至电子招标投标交易平台，供潜在投标人下载或者查阅。

第十九条　数据电文形式的资格预审公告、招标公告、资格预审文件、招标文件等应当标准化、格式化，并符合有关法律法规以及国家有关部门颁发的标准文本的要求。

第二十条　除本办法和技术规范规定的注册登记外，任何单位和个人不得在招标投标活动中设置注册登记、投标报名等前置条件限制潜在投标人下载资格预审文件或者招标文件。

第二十一条　在投标截止时间前，电子招标投标交易平台运营机构不得向招标人或者其委托的招标代理机构以外的任何单位和个人泄露下载资格预审文件、招标文件的潜在投标人名称、数量以及可能影响公平竞争的其他信息。

第二十二条　招标人对资格预审文件、招标文件进行澄清或者修改的，应当通过电子招标投标交易平台以醒目的方式公告澄清或者修改的内容，并以有效方式通知所有已下载资格预审文件或者招标文件的潜在投标人。

第四章　电子投标

第二十三条　电子招标投标交易平台的运营机构，以及与该机构有控股或者管理关系可能影响招标公正性的任何单位和个人，不得在该交易平台进行的招标项目中投标和代理投标。

第二十四条　投标人应当在资格预审公告、招标公告或者投标邀请书载明的电子招标投标交易平台注册登记，如实递交有关信息，并经电子招标投标交易平台运营机构验证。

第二十五条　投标人应当通过资格预审公告、招标公告或者投标邀请书载明的电子招标投标交易平台递交数据电文形式的资格预审申请文件或者投标文件。

第二十六条　电子招标投标交易平台应当允许投标人离线编制投标文件，并且具备分段或者整体加密、解密功能。

投标人应当按照招标文件和电子招标投标交易平台的要求编制并加密投标文件。

投标人未按规定加密的投标文件，电子招标投标交易平台应当拒收并提示。

第二十七条　投标人应当在投标截止时间前完成投标文件的传输递交，并可以补充、修改或者撤回投标文件。投标截止时间前未完成投标文件传输的，视为撤回投标文件。投标截止时间后送达的投标文件，电子招标投标交易平台应当拒收。

电子招标投标交易平台收到投标人送达的投标文件，应当即时向投标人发出确认回执通知，并妥善保存投标文件。在投标截止时间前，除投标人补充、修改或者撤回投标文件外，任何单位和个人不得解密、提取投标文件。

第二十八条　资格预审申请文件的编制、加密、递交、传输、接收确认等，适用本办法关于投标文件的规定。

第五章 电子开标、评标和中标

第二十九条 电子开标应当按照招标文件确定的时间，在电子招标投标交易平台上公开进行，所有投标人均应当准时在线参加开标。

第三十条 开标时，电子招标投标交易平台自动提取所有投标文件，提示招标人和投标人按招标文件规定方式按时在线解密。解密全部完成后，应当向所有投标人公布投标人名称、投标价格和招标文件规定的其他内容。

第三十一条 因投标人原因造成投标文件未解密的，视为撤销其投标文件；因投标人之外的原因造成投标文件未解密的，视为撤回其投标文件，投标人有权要求责任方赔偿因此遭受的直接损失。部分投标文件未解密的，其他投标文件的开标可以继续进行。

招标人可以在招标文件中明确投标文件解密失败的补救方案，投标文件应按照招标文件的要求作出响应。

第三十二条 电子招标投标交易平台应当生成开标记录并向社会公众公布，但依法应当保密的除外。

第三十三条 电子评标应当在有效监控和保密的环境下在线进行。

根据国家规定应当进入依法设立的招标投标交易场所的招标项目，评标委员会成员应当在依法设立的招标投标交易场所登录招标项目所使用的电子招标投标交易平台进行评标。

评标中需要投标人对投标文件澄清或者说明的，招标人和投标人应当通过电子招标投标交易平台交换数据电文。

第三十四条 评标委员会完成评标后，应当通过电子招标投标交易平台向招标人提交数据电文形式的评标报告。

第三十五条 依法必须进行招标的项目中标候选人和中标结果应当在电子招标投标交易平台进行公示和公布。

第三十六条 招标人确定中标人后，应当通过电子招标投标交易平台以数据电文形式向中标人发出中标通知书，并向未中标人发出中标结果通知书。

招标人应当通过电子招标投标交易平台，以数据电文形式与中标人签订合同。

第三十七条 鼓励招标人、中标人等相关主体及时通过电子招标投标交易平台递交和公布中标合同履行情况的信息。

第三十八条 资格预审申请文件的解密、开启、评审、发出结果通知书等，适用本办法关于投标文件的规定。

第三十九条 投标人或者其他利害关系人依法对资格预审文件、招标文件、开标和评标结果提出异议，以及招标人答复，均应当通过电子招标投标交易平台进行。

第四十条 招标投标活动中的下列数据电文应当按照《中华人民共和国电子签名法》和招标文件的要求进行电子签名并进行电子存档：

(一)资格预审公告、招标公告或者投标邀请书；

(二)资格预审文件、招标文件及其澄清、补充和修改；

(三)资格预审申请文件、投标文件及其澄清和说明；

(四)资格审查报告、评标报告；

（五）资格预审结果通知书和中标通知书；

（六）合同；

（七）国家规定的其他文件。

第六章　信息共享与公共服务

第四十一条　电子招标投标交易平台应当依法及时公布下列主要信息：

（一）招标人名称、地址、联系人及联系方式；

（二）招标项目名称、内容范围、规模、资金来源和主要技术要求；

（三）招标代理机构名称、资格、项目负责人及联系方式；

（四）投标人名称、资质和许可范围、项目负责人；

（五）中标人名称、中标金额、签约时间、合同期限；

（六）国家规定的公告、公示和技术规范规定公布和交换的其他信息。

鼓励招标投标活动当事人通过电子招标投标交易平台公布项目完成质量、期限、结算金额等合同履行情况。

第四十二条　各级人民政府有关部门应当按照《中华人民共和国政府信息公开条例》等规定，在本部门网站及时公布并允许下载下列信息：

（一）有关法律法规规章及规范性文件；

（二）取得相关工程、服务资质证书或货物生产、经营许可证的单位名称、营业范围及年检情况；

（三）取得有关职称、职业资格的从业人员的姓名、电子证书编号；

（四）对有关违法行为作出的行政处理决定和招标投标活动的投诉处理情况；

（五）依法公开的工商、税务、海关、金融等相关信息。

第四十三条　设区的市级以上人民政府发展改革部门会同有关部门，按照政府主导、共建共享、公益服务的原则，推动建立本地区统一的电子招标投标公共服务平台，为电子招标投标交易平台、招标投标活动当事人、社会公众和行政监督部门、监察机关提供信息服务。

第四十四条　电子招标投标公共服务平台应当按照本办法和技术规范规定，具备下列主要功能：

（一）链接各级人民政府及其部门网站，收集、整合和发布有关法律法规规章及规范性文件、行政许可、行政处理决定、市场监管和服务的相关信息；

（二）连接电子招标投标交易平台、国家规定的公告媒介，交换、整合和发布本办法第四十一条规定的信息；

（三）连接依法设立的评标专家库，实现专家资源共享；

（四）支持不同电子认证服务机构数字证书的兼容互认；

（五）提供行政监督部门和监察机关依法实施监督、监察所需的监督通道；

（六）整合分析相关数据信息，动态反映招标投标市场运行状况、相关市场主体业绩和信用情况。

属于依法必须公开的信息，公共服务平台应当无偿提供。

公共服务平台应同时遵守本办法第八条至第十五条规定。

第四十五条　电子招标投标交易平台应当按照本办法和技术规范规定，在任一电子招标投标公共服务平台注册登记，并向电子招标投标公共服务平台及时提供本办法第四十一条规定的信息，以及双方协商确定的其他信息。

电子招标投标公共服务平台应当按照本办法和技术规范规定，开放数据接口、公布接口要求，与电子招标投标交易平台及时交换招标投标活动所必需的信息，以及双方协商确定的其他信息。

电子招标投标公共服务平台应当按照本办法和技术规范规定，开放数据接口、公布接口要求，与上一层级电子招标投标公共服务平台连接并注册登记，及时交换本办法第四十四条规定的信息，以及双方协商确定的其他信息。

电子招标投标公共服务平台应当允许社会公众、市场主体免费注册登录和获取依法公开的招标投标信息，为招标人、投标人、行政监督部门和监察机关按各自职责和注册权限登录使用公共服务平台提供必要条件。

第七章　监督管理

第四十六条　电子招标投标活动及相关主体应当自觉接受行政监督部门、监察机关依法实施的监督、监察。

第四十七条　行政监督部门、监察机关结合电子政务建设，提升电子招标投标监督能力，依法设置并公布有关法律法规规章、行政监督的依据、职责权限、监督环节、程序和时限、信息交换要求和联系方式等相关内容。

第四十八条　电子招标投标交易平台和公共服务平台应当按照本办法和技术规范规定，向行政监督平台开放数据接口、公布接口要求，按有关规定及时对接交换和公布有关招标投标信息。

行政监督平台应当开放数据接口，公布数据接口要求，不得限制和排斥已通过检测认证的电子招标投标交易平台和公共服务平台与其对接交换信息，并参照执行本办法第八条至第十五条的有关规定。

第四十九条　电子招标投标交易平台应当依法设置电子招标投标工作人员的职责权限，如实记录招标投标过程、数据信息来源，以及每一操作环节的时间、网络地址和工作人员，并具备电子归档功能。

电子招标投标公共服务平台应当记录和公布相关交换数据信息的来源、时间并进行电子归档备份。

任何单位和个人不得伪造、篡改或者损毁电子招标投标活动信息。

第五十条　行政监督部门、监察机关及其工作人员，除依法履行职责外，不得干预电子招标投标活动，并遵守有关信息保密的规定。

第五十一条　投标人或者其他利害关系人认为电子招标投标活动不符合有关规定的，通过相关行政监督平台进行投诉。

第五十二条　行政监督部门和监察机关在依法监督检查招标投标活动或者处理投诉时，通过其平台发出的行政监督或者行政监察指令，招标投标活动当事人和电子招标投标交易平台、公共服务平台的运营机构应当执行，并如实提供相关信息，协助调查处理。

<h3 style="text-align:center">第八章　法律责任</h3>

第五十三条　电子招标投标系统有下列情形的，责令改正；拒不改正的，不得交付使用，已经运营的应当停止运营。

（一）不具备本办法及技术规范规定的主要功能；

（二）不向行政监督部门和监察机关提供监督通道；

（三）不执行统一的信息分类和编码标准；

（四）不开放数据接口、不公布接口要求；

（五）不按照规定注册登记、对接、交换、公布信息；

（六）不满足规定的技术和安全保障要求；

（七）未按照规定通过检测和认证。

第五十四条　招标人或者电子招标投标系统运营机构存在以下情形的，视为限制或者排斥潜在投标人，依照招标投标法第五十一条规定处罚。

（一）利用技术手段对享有相同权限的市场主体提供有差别的信息；

（二）拒绝或者限制社会公众、市场主体免费注册并获取依法必须公开的招标投标信息；

（三）违规设置注册登记、投标报名等前置条件；

（四）故意与各类需要分离开发并符合技术规范规定的工具软件不兼容对接；

（五）故意对递交或者解密投标文件设置障碍。

第五十五条　电子招标投标交易平台运营机构有下列情形的，责令改正，并按照有关规定处罚。

（一）违反规定要求投标人注册登记、收取费用；

（二）要求投标人购买指定的工具软件；

（三）其他侵犯招标投标活动当事人合法权益的情形。

第五十六条　电子招标投标系统运营机构向他人透露已获取招标文件的潜在投标人的名称、数量、投标文件内容或者对投标文件的评审和比较以及其他可能影响公平竞争的招标投标信息，参照招标投标法第五十二条关于招标人泄密的规定予以处罚。

第五十七条　招标投标活动当事人和电子招标投标系统运营机构协助招标人、投标人串通投标的，依照招标投标法第五十三条和招标投标法实施条例第六十七条规定处罚。

第五十八条　招标投标活动当事人和电子招标投标系统运营机构伪造、篡改、损毁招标投标信息，或者以其他方式弄虚作假的，依照招标投标法第五十四条和招标投标法实施条例第六十八条规定处罚。

第五十九条　电子招标投标系统运营机构未按照本办法和技术规范规定履行初始录入信息验证义务，造成招标投标活动当事人损失的，应当承担相应的赔偿责任。

第六十条　有关行政监督部门及其工作人员不履行职责，或者利用职务便利非法干涉电子招标投标活动的，依照有关法律法规处理。

<h3 style="text-align:center">第九章　附　则</h3>

第六十一条　招标投标协会应当按照有关规定，加强电子招标投标活动的自律管理和

服务。

第六十二条　电子招标投标某些环节需要同时使用纸质文件的，应当在招标文件中明确约定；当纸质文件与数据电文不一致时，除招标文件特别约定外，以数据电文为准。

第六十三条　本办法未尽事宜，按照有关法律、法规、规章执行。

第六十四条　本办法由国家发展和改革委员会会同有关部门负责解释。

第六十五条　技术规范作为本办法的附件，与本办法具有同等效力。

第六十六条　本办法自 2013 年 5 月 1 日起施行。

复习思考题参考答案

参 考 文 献

[1] 刘冬学 . 工程招投标与合同管理[M]. 2 版 . 武汉：华中科技大学出版社，2022.

[2] 闫俊玲 . 工程招投标与合同管理[M]. 北京：科学技术文献出版社，2018.

[3] 李志生 . 建筑工程招投标实务与案例分析[M]. 2 版 . 北京：机械工业出版社，2014.

[4] 严玲 . 招投标与合同管理工作坊——案例教学教程[M]. 北京：机械工业出版社，2015.

[5] 禹贵香，李玉洁 . 工程招投标与合同管理[M]. 北京：机械工业出版社，2020.

[6] 刘黎虹，赵丽丽，伏玉 . 建设工程招投标与合同管理[M]. 北京：化学工业出版社，2018.

[7] 杨勇，狄文全，冯伟 . 工程招投标理论与综合实训[M]. 北京：化学工业出版社，2015.

[8] 沈巍，张喆，曹绍江 . 工程招投标与合同管理[M]. 上海：上海交通大学出版社，2018.

[9] 常青，段利飞 . 工程招投标与合同管理[M]. 2 版 . 哈尔滨：哈尔滨工业大学出版社，2017.

[10] 住房和城乡建设部，国家工商行政管理总局 . GF—2017—0201 建设工程施工合同（示范文本）[S]. 北京：中国建筑工业出版社，2017.